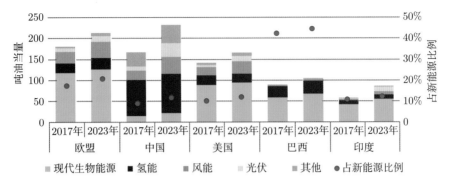

**图 1.1　国际能源署公布的部分国家可再生能源贡献与分布状况
（2017 年和 2023 年）**[1]

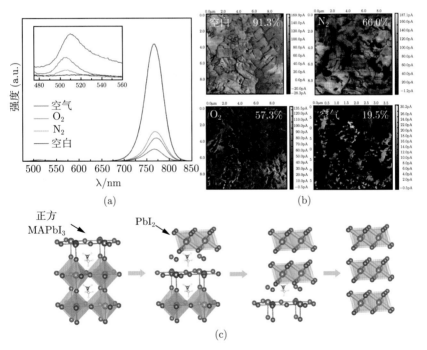

图 1.7　卤素钙钛矿薄膜与材料的热不稳定性

(a) 不同环境下 85℃加热 24 h 后 MAPbI$_3$ 薄膜的导电原子力显微镜（c-AFM）图像；
(b) 不同环境下 85℃加热 24 h 后 MAPbI$_3$ 薄膜的荧光（PL）发射光谱[78]；
(c) MAPbI$_3$ 逐层分解示意图[79]

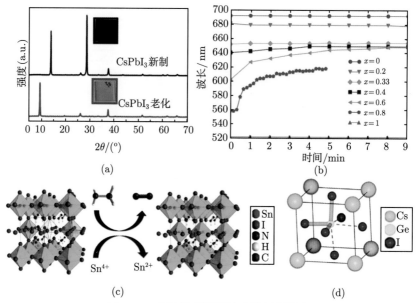

图 1.9 全无机卤素钙钛矿的相关研究

(a) $CsPbI_3$ 薄膜室温放置 12 h 内变黄前后的 XRD 谱图 [117]; (b) $CsPbI_{3-x}Br_x$ 薄膜 PL 发光位置随时间的变化 [103]; (c) 锡钙钛矿制备过程中还原性 N_2H_4 气氛对空位缺陷的抑制作用示意图 [118]; (d) $CsGeI_3$ 晶体结构中的不对称 Ge-I 键 [108]

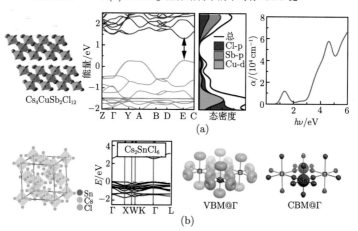

图 1.13 有序空位钙钛矿的结构与性质

(a) $A_3B_2X_9$ 类有序空位钙钛矿 $Cs_4CuSb_2Cl_{12}$ 的能带结构、态密度和吸光系数 [151,167]; (b) A_2BX_6 类有序空位钙钛矿 Cs_2SnCl_6 的能带结构和导带价带电子密度分布 [156]

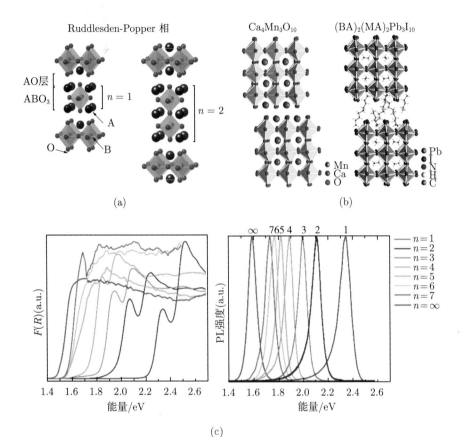

图 1.14 Ruddelsden-Popper 相二维钙钛矿的结构与性质

(a) Ruddelsden-Popper 相结构示意图；(b) 二维 RP 相氧钙钛矿 $Cs_4Mn_3O_{10}$ 与卤素钙钛矿 $(BA)_2(MA)_2Pb_3I_{10}$ 的结构对比[170]；(c) BA 体系二维卤素钙钛矿 $(RH_3)_2(MA)_{n-1}Pb_nI_{3n+1}$ ($n = 1 \sim 7$, $n = \infty$ 代表三维 $MAPbI_3$) 的漫反射吸收与 PL 发光光谱[171]

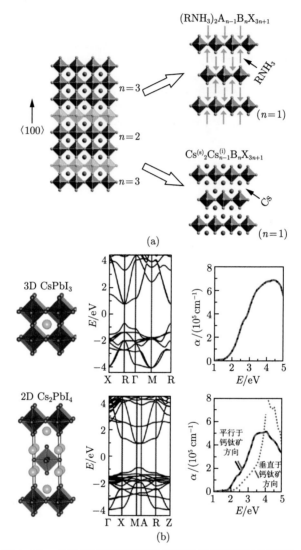

图 1.16 全无机二维钙钛矿的结构设计与理论计算结果

(a) 全无机二维卤素钙钛矿材料示意图（$Cs^{(s)}$：层间间隔位；$Cs^{(i)}$：层内间隙位）；(b) 理论计算对比 3D $CsPbI_3$ 与 2D Cs_2PbI_4 能带结构及吸光系数 [141]

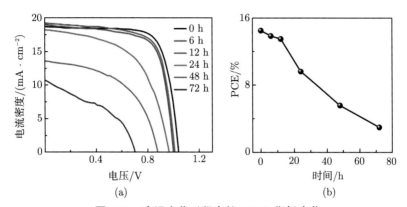

图 3.2　高温老化过程中的 PSC 指标变化

(a) 高温老化过程 J-V 曲线；(b) 高温老化过程效率变化

（老化条件：N_2 氛围，黑暗，85℃）

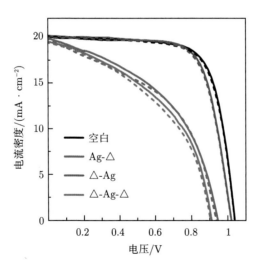

图 3.3　不同基底高温老化对比（△ 代表加热，Ag 代表蒸镀 Ag 电极，实线和虚线分别代表反扫和正扫方向）

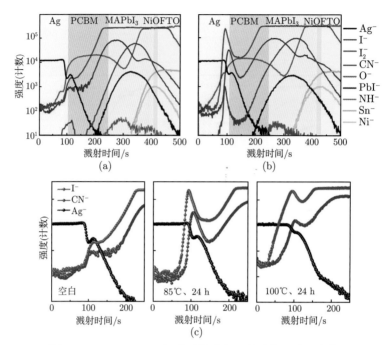

图 3.7　ToF-SIMS 深度分析表征器件内部的离子扩散

(a) 空白器件的 ToF-SIMS 深度分析；(b) 85℃、24 h 高温老化后器件的 ToF-SIMS 深度分析；(c) 不同条件下 I^-，CN^- 和 Ag^- 的分布

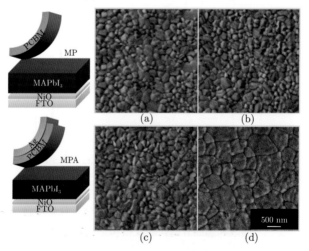

图 3.12　MAPbI$_3$ 薄膜的形貌表征

(a) 无 Ag 电极基底，85℃老化 24 h；(b) 无 Ag 电极基底，100℃老化 24 h；
(c) 有 Ag 电极基底，85℃老化 24 h；(d) 有 Ag 电极基底，100℃老化 24 h 后

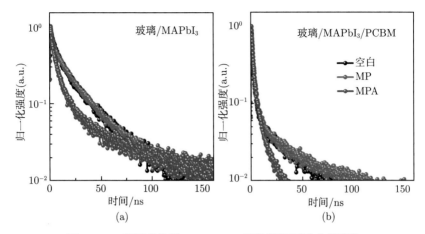

图 3.15 高温老化后 MAPbI$_3$ 层的载流子动力学变化
(a) 玻璃/MAPbI$_3$ 结构体系中不同基底 85℃老化 24 h 后的 TRPL 光谱；
(b) 玻璃/MAPbI$_3$/PCBM 结构体系中不同基底 85℃老化 24 h 后的 TRPL 光谱

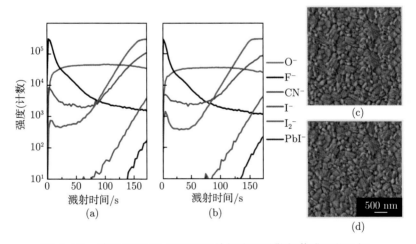

图 3.17 使用 PTEE 阻隔层器件的离子扩散与薄膜形貌分析
(a) MAPbI$_3$/PCBM/PTEE 结构的 ToF-SIMS 深度分析；(b) MAPbI$_3$/PCBM/PTEE 结构在 N$_2$ 中 85℃ 加热 24 h 之后的 ToF-SIMS 深度分析；(c) MAPbI$_3$/PCBM/PTEE 结构 85℃加热 24 h 后 MAPbI$_3$ 层的 SEM 形貌图；(d) MAPbI$_3$/PCBM/PTEE 结构 100℃加热 24 h 后 MAPbI$_3$ 层的 SEM 形貌图

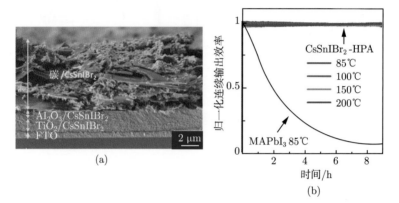

图 3.19 CsSnIBr$_2$ 的碳对电极介孔 PSC 及其稳定性
(a) CsSnIBr$_2$ 的碳对电极介孔 PSC 截面的 SEM 图；
(b) 高温连续输出效率记录曲线

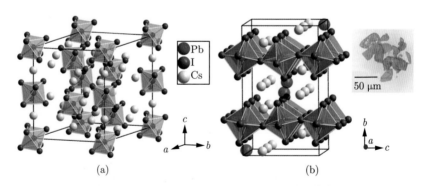

图 4.2 Cs$_4$PbI$_6$ 与 Cs$_2$PbI$_4$·X 的晶体结构
(a) Cs$_4$PbI$_6$ 晶体结构；(b) Cs$_2$PbI$_4$·X 晶体结构示意图和显微镜下的晶体照片

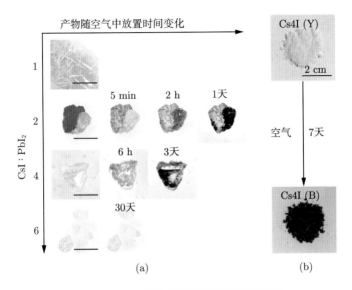

图 4.3 Cs4I 的反应比例探究与变色情况

(a) 不同 CsI:PbI$_2$ 比例气相扩散法合成的产物及其在空气中放置的变化情况（$T \approx 25°C$，RH $\approx 30\%$，图中比例尺为 500 μm）；(b) 批量制备的 Cs4I 的变色情况（约 0.8 g）

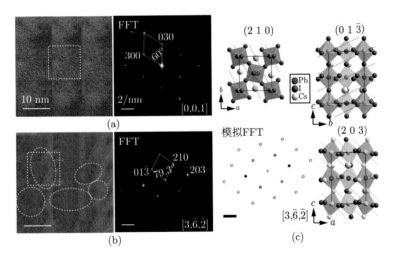

图 4.5 Cs4I 样品中 Cs$_4$PbI$_6$ 及 γ-CsPbI$_3$ 区域的 TEM 分析

(a) Cs$_4$PbI$_6$ 区域的 TEM 图像及黄框位置对应的 FFT 衍射花样；
(b) γ-CsPbI$_3$ 纳米相（蓝色圈出）的 TEM 图像及黄框位置对应的 FFT 衍射花样；
(c) γ-CsPbI$_3$ 的 $[3,\bar{6},\bar{2}]$ 晶带轴模拟 FFT 及部分衍射晶面族示意图
（晶面上的原子以不同颜色对应标出）

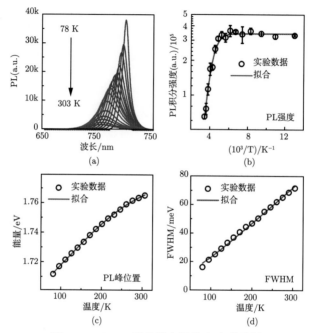

图 4.9　Cs4I 样品的变温荧光光谱分析

(a) Cs4I 的变温 PL 光谱；(b) Cs4I 的变温积分强度；(c) Cs4I 的变温发光位置；
(d) Cs4I 的变温半峰宽分析

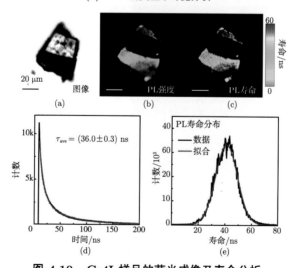

图 4.10　Cs4I 样品的荧光成像及寿命分析

(a) Cs4I 晶粒的显微图像；(b) Cs4I 晶粒的荧光成像；(c) Cs4I 晶粒的荧光寿命成像；
(d) Cs4I 晶粒的平均寿命曲线；(e) Cs4I 晶粒的荧光寿命分布

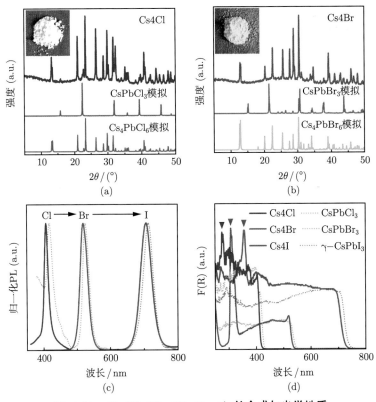

图 4.11 Cs4X (X=Cl, Br, I) 的合成与光学性质
(a) Cs4Cl 的 PXRD 谱图；(b) Cs4Br 的 PXRD 谱图；(c) Cs4X 与 CsPbX$_3$ 的 PL 谱图对比；(d) Cs4X 与 CsPbX$_3$ 的紫外–可见光漫反射谱图对比

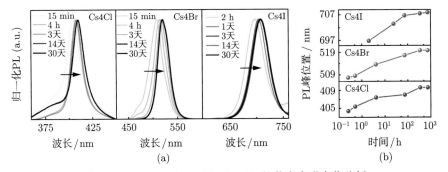

图 4.12 Cs4X (X=Cl, Br, I) 的荧光光谱变化分析
(a) Cs4X (X=Cl, Br, I) 的 PL 光谱随时间的变化情况；
(b) Cs4X (X=Cl, Br, I) 的发光峰位置统计

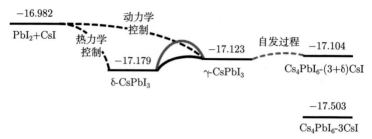

图 4.15 CsI-PbI$_2$ 体系的反应热力学能量示意图

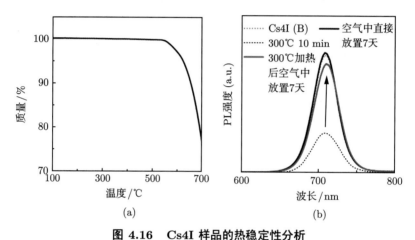

图 4.16 Cs4I 样品的热稳定性分析

(a) Cs4I 样品热重分析；(b) Cs4I 样品 300℃加热及在空气中
放置恢复后的 PL 谱图对比

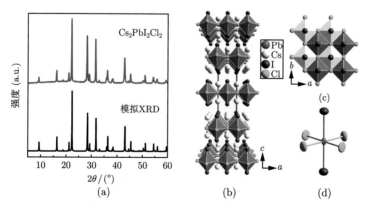

图 5.1 Cs$_2$PbI$_2$Cl$_2$ 的合成与结构

(a) Cs$_2$PbI$_2$Cl$_2$ 的 PXRD 谱图；(b) 沿 b 方向的晶体结构；(c) 沿 c 方向的晶体结构（具有 [1/2,1/2] 位移的相邻层用不同颜色区分）；(d) 结构单元 [PbI$_2$Cl$_4$]$^{4-}$

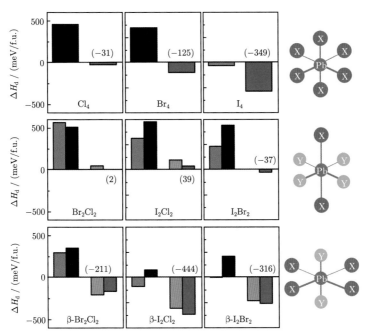

图 5.2 DFT 计算的 Cs_2PbX_4 (X=Cl, Br, I) 体系不同结构的分解反应 ΔH_d

右列为结构类型示意图。图中灰色柱表述 A 类反应（浅灰 A-1，灰 A-2），红色柱表述 B 类反应（浅红 B-1，红 B-2），括号内的数字标注出各分解反应中能量最低的反应焓变值

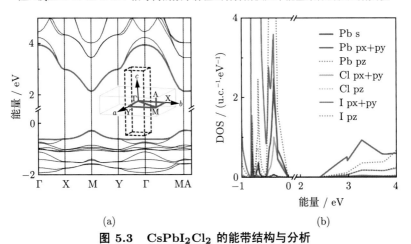

(a)   (b)

图 5.3 $CsPbI_2Cl_2$ 的能带结构与分析

(a) HSE+SOC 计算的 $Cs_2PbI_2Cl_2$ 电子能带结构（如小图所示沿布里渊区内的 Γ (0,0,0)-X (0,1/2,0)-M (1/2,1/2,0)-Y (1/2,0,0)-Γ (0,0,0)-M (1/2,1/2,0)-A (1/2,1/2,1/2) 方向绘制）；(b) 局部态密度（DOS）图

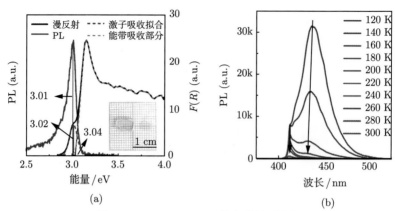

图 5.5 $Cs_2PbI_2Cl_2$ 的光学性质表征

(a) 紫外-可见光漫反射光谱和 PL 谱图（红色虚线为拟合激子吸收峰，灰色虚线扣除激子吸收贡献描述带边吸收）；(b) 变温 PL 谱图（激发波长：340 nm）

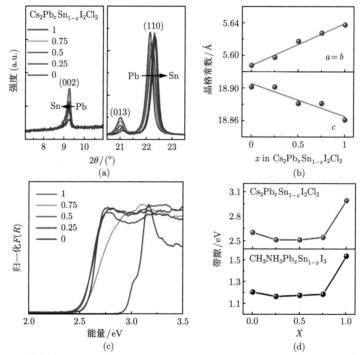

图 5.10 固溶液 $Cs_2Pb_xSn_{1-x}I_2Cl_2$ ($x=0, 0.25, 0.5, 0.75, 1$) 的表征结果

(a) PXRD 谱图选区；(b) 晶格常数变化；(c) 紫外-可见光漫反射光谱；
(d) 带隙变化（对比 $MAPb_xSn_{1-x}I_3$[253]）

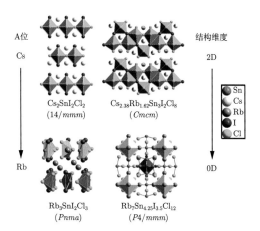

图 5.12　Cs/Rb-Sn-I/Cl 体系化合物的结构维度与 A 位离子的关系

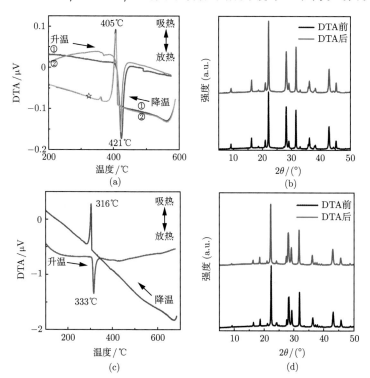

图 5.13　$Cs_2PbI_2Cl_2$ 与 $Cs_2SnI_2Cl_2$ 的热分析

(a) $Cs_2PbI_2Cl_2$ 的 DTA 曲线；(b) $Cs_2PbI_2Cl_2$ DTA 测试前后的 PXRD 谱图；
(c) $Cs_2SnI_2Cl_2$ 的 DTA 曲线；(d) $Cs_2SnI_2Cl_2$ DTA 测试前后的 PXRD 谱图

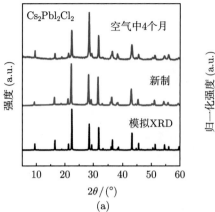
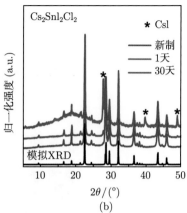

图 5.14　$Cs_2PbI_2Cl_2$ 与 $Cs_2SnI_2Cl_2$ 的环境稳定性

(a) $Cs_2PbI_2Cl_2$ 在空气中（$T \approx 25℃$，$RH \approx 65\%$）放置后的 PXRD 谱图；(b) $Cs_2SnI_2Cl_2$ 在空气中（$T \approx 25℃$，$RH \approx 65\%$）放置后的 PXRD 谱图；(c) $Cs_2SnI_2Cl_2$ 粉末和单晶在空气中放置一个月的变化

清华大学优秀博士学位论文丛书

新型全无机卤素钙钛矿的材料制备与光电性质研究

李江伟（Li Jiangwei）著

Synthesis and Optoelectronic Properties
of Novel All-Inorganic Halide Perovskites

清华大学出版社
北京

内 容 简 介

本书从有机–无机杂化钙钛矿太阳能电池的高温衰降机制出发，针对全无机卤素钙钛矿材料的相态稳定性问题，提出了热力学控制的无机框架缺陷诱导生长方法。在探索新材料方面，借助维度调控的思想，探索合成了新型二维卤素钙钛矿，并系统研究了其光电响应性质。

本书可供从事能源材料与光电器件研究的高校和科研院所的师生及制造企业的工程技术人员阅读参考。

版权所有，侵权必究。举报：010-62782989，beiqinquan@tup.tsinghua.edu.cn。

图书在版编目（CIP）数据

新型全无机卤素钙钛矿的材料制备与光电性质研究/李江伟著.—北京：清华大学出版社，2021.4

（清华大学优秀博士学位论文丛书）

ISBN 978-7-302-57615-0

Ⅰ.①新… Ⅱ.①李… Ⅲ.①钙钛矿型结构–材料制备②钙钛矿型结构–光电材料 Ⅳ.①TB34

中国版本图书馆 CIP 数据核字(2021)第 033515 号

责任编辑：王 倩
封面设计：傅瑞学
责任校对：赵丽敏
责任印制：丛怀宇

出版发行：清华大学出版社
　　　　网　　址：http://www.tup.com.cn，http://www.wqbook.com
　　　　地　　址：北京清华大学学研大厦 A 座　　邮　　编：100084
　　　　社 总 机：010-62770175　　　　　　　　　邮　　购：010-62786544
　　　　投稿与读者服务：010-62776969，c-service@tup.tsinghua.edu.cn
　　　　质量反馈：010-62772015，zhiliang@tup.tsinghua.edu.cn
印 刷 者：三河市铭诚印务有限公司
装 订 者：三河市启晨纸制品加工有限公司
经　　销：全国新华书店
开　　本：155mm×235mm　　　印 张：9.25　　插 页：8　　字 数：161 千字
版　　次：2021 年 6 月第 1 版　　　印 次：2021 年 6 月第 1 次印刷
定　　价：79.00 元

产品编号：087973-01

一流博士生教育
体现一流大学人才培养的高度（代丛书序）[①]

人才培养是大学的根本任务。只有培养出一流人才的高校，才能够成为世界一流大学。本科教育是培养一流人才最重要的基础，是一流大学的底色，体现了学校的传统和特色。博士生教育是学历教育的最高层次，体现出一所大学人才培养的高度，代表着一个国家的人才培养水平。清华大学正在全面推进综合改革，深化教育教学改革，探索建立完善的博士生选拔培养机制，不断提升博士生培养质量。

学术精神的培养是博士生教育的根本

学术精神是大学精神的重要组成部分，是学者与学术群体在学术活动中坚守的价值准则。大学对学术精神的追求，反映了一所大学对学术的重视、对真理的热爱和对功利性目标的摒弃。博士生教育要培养有志于追求学术的人，其根本在于学术精神的培养。

无论古今中外，博士这一称号都和学问、学术紧密联系在一起，和知识探索密切相关。我国的博士一词起源于2000多年前的战国时期，是一种学官名。博士任职者负责保管文献档案、编撰著述，须知识渊博并负有传授学问的职责。东汉学者应劭在《汉官仪》中写道："博者，通博古今；士者，辩于然否。"后来，人们逐渐把精通某种职业的专门人才称为博士。博士作为一种学位，最早产生于12世纪，最初它是加入教师行会的一种资格证书。19世纪初，德国柏林大学成立，其哲学院取代了以往神学院在大学中的地位，在大学发展的历史上首次产生了由哲学院授予的哲学博士学位，并赋予了哲学博士深层次的教育内涵，即推崇学术自由、创造新知识。哲学博士的设立标志着现代博士生教育的开端，博士则被定义为独立从事

[①] 本文首发于《光明日报》，2017年12月5日。

学术研究、具备创造新知识能力的人，是学术精神的传承者和光大者。

博士生学习期间是培养学术精神最重要的阶段。博士生需要接受严谨的学术训练，开展深入的学术研究，并通过发表学术论文、参与学术活动及博士论文答辩等环节，证明自身的学术能力。更重要的是，博士生要培养学术志趣，把对学术的热爱融入生命之中，把捍卫真理作为毕生的追求。博士生更要学会如何面对干扰和诱惑，远离功利，保持安静、从容的心态。学术精神，特别是其中所蕴含的科学理性精神、学术奉献精神，不仅对博士生未来的学术事业至关重要，对博士生一生的发展都大有裨益。

独创性和批判性思维是博士生最重要的素质

博士生需要具备很多素质，包括逻辑推理、言语表达、沟通协作等，但是最重要的素质是独创性和批判性思维。

学术重视传承，但更看重突破和创新。博士生作为学术事业的后备力量，要立志于追求独创性。独创意味着独立和创造，没有独立精神，往往很难产生创造性的成果。1929年6月3日，在清华大学国学院导师王国维逝世二周年之际，国学院师生为纪念这位杰出的学者，募款修造"海宁王静安先生纪念碑"，同为国学院导师的陈寅恪先生撰写了碑铭，其中写道："先生之著述，或有时而不章；先生之学说，或有时而可商；惟此独立之精神，自由之思想，历千万祀，与天壤而同久，共三光而永光。"这是对于一位学者的极高评价。中国著名的史学家、文学家司马迁所讲的"究天人之际，通古今之变，成一家之言"也是强调要在古今贯通中形成自己独立的见解，并努力达到新的高度。博士生应该以"独立之精神、自由之思想"来要求自己，不断创造新的学术成果。

诺贝尔物理学奖获得者杨振宁先生曾在20世纪80年代初对到访纽约州立大学石溪分校的90多名中国学生、学者提出："独创性是科学工作者最重要的素质。"杨先生主张做研究的人一定要有独创的精神、独到的见解和独立研究的能力。在科技如此发达的今天，学术上的独创性变得越来越难，也愈加珍贵和重要。博士生要树立敢为天下先的志向，在独创性上下功夫，勇于挑战最前沿的科学问题。

批判性思维是一种遵循逻辑规则、不断质疑和反省的思维方式，具有批判性思维的人勇于挑战自己，敢于挑战权威。批判性思维的缺乏往往被认为是中国学生特有的弱项，也是我们在博士生培养方面存在的一个普遍问题。2001年，美国卡内基基金会开展了一项"卡内基博士生教育创新计划"，针对博士生教育进行调研，并发布了研究报告。该报告指出：在美国和欧洲，培养学生保持批判而质疑的眼光看待自己、同行和导师的观点同样非常不容易，批判性思维的培养必须成为博士生培养项目的组成部分。

对于博士生而言，批判性思维的养成要从如何面对权威开始。为了鼓励学生质疑学术权威、挑战现有学术范式，培养学生的挑战精神和创新能力，清华大学在2013年发起"巅峰对话"，由学生自主邀请各学科领域具有国际影响力的学术大师与清华学生同台对话。该活动迄今已经举办了21期，先后邀请17位诺贝尔奖、3位图灵奖、1位菲尔兹奖获得者参与对话。诺贝尔化学奖得主巴里·夏普莱斯（Barry Sharpless）在2013年11月来清华参加"巅峰对话"时，对于清华学生的质疑精神印象深刻。他在接受媒体采访时谈道："清华的学生无所畏惧，请原谅我的措辞，但他们真的很有胆量。"这是我听到的对清华学生的最高评价，博士生就应该具备这样的勇气和能力。培养批判性思维更难的一层是要有勇气不断否定自己，有一种不断超越自己的精神。爱因斯坦说："在真理的认识方面，任何以权威自居的人，必将在上帝的嬉笑中垮台。"这句名言应该成为每一位从事学术研究的博士生的箴言。

提高博士生培养质量有赖于构建全方位的博士生教育体系

一流的博士生教育要有一流的教育理念，需要构建全方位的教育体系，把教育理念落实到博士生培养的各个环节中。

在博士生选拔方面，不能简单按考分录取，而是要侧重评价学术志趣和创新潜力。知识结构固然重要，但学术志趣和创新潜力更关键，考分不能完全反映学生的学术潜质。清华大学在经过多年试点探索的基础上，于2016年开始全面实行博士生招生"申请-审核"制，从原来的按照考试分数招收博士生，转变为按科研创新能力、专业学术潜质招收，并给予院系、学科、导师更大的自主权。《清华大学"申请-审核"制实施办法》明晰了导师和院系在考核、遴选和推荐上的权力和职责，同时确定了规范的流程及监管要求。

在博士生指导教师资格确认方面，不能论资排辈，要更看重教师的学术活力及研究工作的前沿性。博士生教育质量的提升关键在于教师，要让更多、更优秀的教师参与到博士生教育中来。清华大学从2009年开始探索将博士生导师评定权下放到各学位评定分委员会，允许评聘一部分优秀副教授担任博士生导师。近年来，学校在推进教师人事制度改革过程中，明确教研系列助理教授可以独立指导博士生，让富有创造活力的青年教师指导优秀的青年学生，师生相互促进、共同成长。

在促进博士生交流方面，要努力突破学科领域的界限，注重搭建跨学科的平台。跨学科交流是激发博士生学术创造力的重要途径，博士生要努力提升在交叉学科领域开展科研工作的能力。清华大学于2014年创办了"微沙龙"平台，同学们可以通过微信平台随时发布学术话题，寻觅学术伙伴。3年来，博士生参与和发起"微沙龙"12 000多场，参与博士生达38 000多人次。"微沙龙"促进了不同学科学生之间的思想碰撞，激发了同学们的学术志趣。清华于2002年创办了博士生论坛，论坛由同学自己组织，师生共同参与。博士生论坛持续举办了500期，开展了18 000多场学术报告，切实起到了师生互动、教学相长、学科交融、促进交流的作用。学校积极资助博士生到世界一流大学开展交流与合作研究，超过60%的博士生有海外访学经历。清华于2011年设立了发展中国家博士生项目，鼓励学生到发展中国家亲身体验和调研，在全球化背景下研究发展中国家的各类问题。

在博士学位评定方面，权力要进一步下放，学术判断应该由各领域的学者来负责。院系二级学术单位应该在评定博士论文水平上拥有更多的权力，也应担负更多的责任。清华大学从2015年开始把学位论文的评审职责授权给各学位评定分委员会，学位论文质量和学位评审过程主要由各学位分委员会进行把关，校学位委员会负责学位管理整体工作，负责制度建设和争议事项处理。

全面提高人才培养能力是建设世界一流大学的核心。博士生培养质量的提升是大学办学质量提升的重要标志。我们要高度重视、充分发挥博士生教育的战略性、引领性作用，面向世界、勇于进取，树立自信、保持特色，不断推动一流大学的人才培养迈向新的高度。

邱勇

清华大学校长
2017年12月5日

丛书序二

以学术型人才培养为主的博士生教育,肩负着培养具有国际竞争力的高层次学术创新人才的重任,是国家发展战略的重要组成部分,是清华大学人才培养的重中之重。

作为首批设立研究生院的高校,清华大学自 20 世纪 80 年代初开始,立足国家和社会需要,结合校内实际情况,不断推动博士生教育改革。为了提供适宜博士生成长的学术环境,我校一方面不断地营造浓厚的学术氛围,一方面大力推动培养模式创新探索。我校从多年前就已开始运行一系列博士生培养专项基金和特色项目,激励博士生潜心学术、锐意创新,拓宽博士生的国际视野,倡导跨学科研究与交流,不断提升博士生培养质量。

博士生是最具创造力的学术研究新生力量,思维活跃,求真求实。他们在导师的指导下进入本领域研究前沿,吸取本领域最新的研究成果,拓宽人类的认知边界,不断取得创新性成果。这套优秀博士学位论文丛书,不仅是我校博士生研究工作前沿成果的体现,也是我校博士生学术精神传承和光大的体现。

这套丛书的每一篇论文均来自学校新近每年评选的校级优秀博士学位论文。为了鼓励创新,激励优秀的博士生脱颖而出,同时激励导师悉心指导,我校评选校级优秀博士学位论文已有 20 多年。评选出的优秀博士学位论文代表了我校各学科最优秀的博士学位论文的水平。为了传播优秀的博士学位论文成果,更好地推动学术交流与学科建设,促进博士生未来发展和成长,清华大学研究生院与清华大学出版社合作出版这些优秀的博士学位论文。

感谢清华大学出版社,悉心地为每位作者提供专业、细致的写作和出版指导,使这些博士论文以专著方式呈现在读者面前,促进了这些最新的优秀研究成果的快速广泛传播。相信本套丛书的出版可以为国内外各相关领域或交叉领域的在读研究生和科研人员提供有益的参考，为相关学科领域的发展和优秀科研成果的转化起到积极的推动作用。

感谢丛书作者的导师们。这些优秀的博士学位论文，从选题、研究到成文，离不开导师的精心指导。我校优秀的师生导学传统，成就了一项项优秀的研究成果，成就了一大批青年学者，也成就了清华的学术研究。感谢导师们为每篇论文精心撰写序言，帮助读者更好地理解论文。

感谢丛书的作者们。他们优秀的学术成果，连同鲜活的思想、创新的精神、严谨的学风，都为致力于学术研究的后来者树立了榜样。他们本着精益求精的精神，对论文进行了细致的修改完善，使之在具备科学性、前沿性的同时，更具系统性和可读性。

这套丛书涵盖清华众多学科，从论文的选题能够感受到作者们积极参与国家重大战略、社会发展问题、新兴产业创新等的研究热情，能够感受到作者们的国际视野和人文情怀。相信这些年轻作者们勇于承担学术创新重任的社会责任感能够感染和带动越来越多的博士生，将论文书写在祖国的大地上。

祝愿丛书的作者们、读者们和所有从事学术研究的同行们在未来的道路上坚持梦想，百折不挠！在服务国家、奉献社会和造福人类的事业中不断创新，做新时代的引领者。

相信每一位读者在阅读这一本本学术著作的时候，在吸取学术创新成果、享受学术之美的同时，能够将其中所蕴含的科学理性精神和学术奉献精神传播和发扬出去。

清华大学研究生院院长
2018 年 1 月 5 日

导师序言

能源问题是伴随人类社会进步最重要的问题之一。随着科技的发展和经济水平的提升，人类社会对能源的需求日益增加。我国能源消费增长迅速，但资源分布并不理想，同时考虑到化石能源的不可再生性及环境污染的巨大压力，我国对新能源的开发利用极度重视。其中，太阳能取之不竭且清洁无污染，利用太阳能电池将太阳能转化为电能的光伏发电技术受到广泛关注。目前商业化的太阳能电池大部分以单晶硅为主，但单晶硅生产过程耗能大、污染严重，在轻薄柔性等方面无法满足新兴可穿戴电子器件的需求。

近年来，有机-无机杂化钙钛矿材料以其带隙合适可调、缺陷容忍度高、电荷传输性能好、成本低廉和易于加工等优点，在薄膜太阳能电池领域受到人们的青睐，自 2009 年以来得到迅速发展，目前器件认证效率达到 25.2%，接近单晶硅器件效率。尽管成本优势和高效率使钙钛矿太阳能电池具有巨大的商业应用潜力，但器件稳定性一直是制约其产业化应用的瓶颈问题。影响钙钛矿太阳能电池化学稳定性的因素主要包括水氧、高温、光照和偏压等。其中，钙钛矿材料与器件在水氧氛围下的衰降已经得到较为深入的研究，并且能够通过有效的封装进行控制。但是，高温、光照和偏压下的不稳定性由钙钛矿材料自身决定，这些因素伴随电池运行过程不可避免，因此显得更加重要。尤其是器件的热稳定性，受材料中有机组分的限制，高温测试一直是最难达到标准的环节。因此，理解钙钛矿太阳能电池的高温衰降机制、设计并制备具有本征热稳定性的卤素钙钛矿材料是该领域的重要研究方向。

本书的主要创新成果如下：

（1）在倒置结构钙钛矿太阳能电池器件的热稳定性研究中，发现了高

温下 MA^+ 和 I^- 跨传输层扩散并在 Ag 电极界面反应生成 AgI 的行为，建立了从钙钛矿材料热分解到器件高温衰降的关联，提出了器件热稳定性的调控方法。

(2) 针对全无机卤素钙钛矿中的关键材料 $CsPbI_3$，利用无机 Cs_4PbI_6 结构模板实现了钙钛矿相在室温条件下的自发生长，提出了缺陷诱导生长机制，制备出相态稳定且水氧、光照、高温稳定性优异的全无机 $CsPbI_3$ 钙钛矿复合结构材料。

(3) 结合理论计算，首次合成了全无机二维卤素钙钛矿 $Cs_2PbI_2Cl_2$，并系统研究了其光电性质，该材料具有本征热稳定性，利用单晶器件表征其面内紫外光响应和 α 粒子辐射探测响应性，拓宽了卤素钙钛矿材料光伏之外的应用方向。

使用全无机卤素钙钛矿材料改善器件稳定性已经成为近两年来钙钛矿太阳能电池领域的一大趋势，本书的选题和结论具有前瞻性和重要的应用价值，有望为丰富人们对卤素钙钛矿材料体系的理解并拓展这种材料的应用提供全新的思路。

王立铎

清华大学化学系

摘 要

卤素钙钛矿因其合适的能带结构、独特的缺陷容忍度和廉价易成膜等优势,近几年来在光电领域,尤其是太阳能电池的研究中受到广泛关注。但有机-无机杂化卤素钙钛矿的本征热不稳定性极大地限制了其发展与应用,因此全无机卤素钙钛矿材料体系具有重要的研究意义。本书从有机-无机杂化钙钛矿太阳能电池的高温衰降机制研究出发,深入理解本征热稳定的全无机卤素钙钛矿是调控器件热稳定性的核心环节。在已知的全无机卤素钙钛矿材料中,针对关键材料 $CsPbI_3$ 的相态稳定性问题,提出了热力学控制的无机框架缺陷诱导生长方法。在探索新材料方面,借助维度调控的思想,探索合成了新型二维卤素钙钛矿 $Cs_2PbI_2Cl_2$,并系统研究了其光电响应性质。

本书的研究内容与主要创新成果如下:

(1) 基于倒置结构的钙钛矿太阳能电池,研究高温下钙钛矿层 I^- 和 MA^+(有机甲胺离子)的跨有机传输层扩散行为与电极界面反应过程,结合钙钛矿层形貌、导电性和载流子提取与传输能力的变化,提出电极诱导离子扩散的高温衰降机制,由此建立从材料热分解到器件失效的关联,并阐述分析调控器件热稳定性的基本原则,以此为基础深入理解全无机卤素钙钛矿材料研究的重要性。

(2) 利用无机框架 Cs_4PbI_6,首次在室温下观测到纳米尺度钙钛矿相 $\gamma\text{-}CsPbI_3$ 的自发生长现象,并系统研究了 $\gamma\text{-}CsPbI_3 @ Cs_4PbI_6$ 的结构与光学性质。进一步拓展体系制备 Cs_4PbX_6 (X=Cl, Br, I) 结构,结合生长条件进行实验和结构分析,提出热力学控制的 V_{Cs} 缺陷诱导 $\gamma\text{-}CsPbI_3$ 自发生长机制,揭示缺陷浓度控制 $\gamma\text{-}CsPbI_3$ 生长的调控原理。无机刚性框架的包覆增大了 $\gamma\text{-}CsPbI_3$ 的相变势垒,在提高 $\gamma\text{-}CsPbI_3$ 相态稳定性的同时,使该材料具有良好的环境、光照和高温稳定性。

（3）理性探索模型体系 Cs_2PbX_4 (X=Cl, Br, I)，合成首个二维全无机卤素钙钛矿 $Cs_2PbI_2Cl_2$，系统表征材料的光电性质，并制备单晶器件探究其紫外光响应和 α 粒子响应性，拓展卤素钙钛矿材料在辐射探测方面的应用。结合理论计算与实验结果，分别研究 X 位卤素占位、B 位 Sn^{2+} 拓展和 A 位离子尺寸对二维钙钛矿结构稳定性的影响，并评估了材料的热稳定性与环境稳定性。

关键词：卤素钙钛矿；热稳定性；$CsPbI_3$；固相合成；光电性质

Abstract

Due to the advantages of suitable band structure, unique tolerance to defect states, low cost and easy processing, halide perovskites have widely studied for optoelectronic applications, especially solar cells, in recent years. However, the intrinsic thermal instability of organic-inorganic hybrid halide perovskites severely hinders their development. The investigation of all-inorganic halide perovskites is therefore important with strategic significance. This study starts from the investigation of thermal degradation mechanism in hybrid perovskite solar cells, which emphasizes the key solution to thermal stability improvement of devices by using all-inorganic halide perovskites. Targeting on the phase stability problem of $CsPbI_3$, the most potential one among the all-inorganic halide perovskites, we then develop a thermodynamically controlled material growing method induced by the vacancy defects of inorganic matrix. Finally, we explore and synthesize a novel 2D halide perovskite, $Cs_2PbI_2Cl_2$, with the guiding thought of dimensional control, and study its optoelectronic properties systematically.

The main research contents and innovations are as follows:

(1) Based on the inverted structure perovskite solar cells, this study focuses on the high temperature diffusion behavior of I^- and MA^+ from the perovskite layer and their interfacial reactions with the electrode. An electrode-induced thermal degradation mechanism is proposed here, based on the results of morphology, conductivity and carrier transfer ability change of the perovskite thin films. Moreover, with the established connection between the thermal decomposition of materials and the thermal degradation

of devices, we are able to provide the fundamental rules towards thermally stable devices.

(2) The first observation of the spontaneous formation of nanoscale γ-$CsPbI_3$ (perovskite phase) at room temperature is reported using Cs_4PbI_6 matrix. A γ-$CsPbI_3$@Cs_4PbI_6 structure model is given, followed by a thorough study of its structural and optical properties. We find that this structure is able to grow in all Cs_4PbX_6 (X=Cl, Br, I) matrixes and combining structural analysis, we provide a defect-inducing growth mechanism, which explains the thermodynamic spontaneity and vacancy-assisted control of forming γ-$CsPbI_3$. The rigid Cs_4PbI_6 matrix, in the meantime, protect the inside γ-$CsPbI_3$ structures from phase transition by thermodynamically increase the transition energy barrier, endowing them with good tolerance towards humidity, illumination and high temperature.

(3) The first 2D all-inorganic halide perovskite, $Cs_2PbI_2Cl_2$, is synthesized as we rationally explore the model system of Cs_2PbX_4 (X=Cl, Br, I). A systematical study of optoelectronic property is performed with $Cs_2PbI_2Cl_2$ single crystals, as well as the UV light and α particle response experiments, which expands the radiation detection application of halide perovskites. Combining theoretical calculations and experimental results, we investigate the structural stability of 2D halide perovskites from the aspects of X-site halogen occupation, B-site replacement by Sn^{2+} and A-site cation size, and we evaluate the thermal and environmental stability of materials at last.

Key words: halide perovskite; thermal stability; $CsPbI_3$; solid-state synthesis; optoelectronic property

主要符号对照表

AFM	原子力显微镜 (atomic force microscope)
a.u.	任意单位 (arbitrary unit)
BCP	2,9-二甲基-4,7-二苯基-1,10-菲咯啉
DFT	密度泛函理论 (density functional theory)
DMSO	二甲基亚砜
DSC	差示扫描量热法 (differential scanning calorimetry)
DTA	差热分析 (differential thermal analysis)
E_g	能带间隙 (energy band gap)
EDS	能量色散谱 (energy-dispersive spectroscopy)
FF	填充因子 (fill factor)
FFT	快速傅里叶变换 (fast Fourier transform)
FMHW	半峰宽 (full width at half maximum)
FTO	氟掺杂二氧化锡 (SnO_2:F)
GIXRD	掠入射 X 射线衍射 (grazing incidence X-ray diffraction)
ITO	氧化铟锡 (indium tin oxides)
J_{SC}	短路电流密度 (short-circuit current density)
$MAPbI_3$	甲胺铅碘 ($CH_3NH_3PbI_3$)
PCBM	[6,6]-苯基-C61-丁酸甲酯
PCE	光电转化效率 (power conversion efficiency)
PEDOT	聚 3,4-乙烯二氧噻吩
PL	光致发光/荧光 (photoluminescence)
PLE	荧光激发 (photoluminescence excitation)
PLQY	荧光量子效率 (photoluminescence quantum yield)

PSC	钙钛矿太阳能电池 (perovskite solar cell)
PXRD	粉末 X 射线衍射 (powder X-ray diffraction)
RP	Ruddlesden-Popper
SEM	扫描电子显微镜 (scanning electron microscope)
Spiro-OMeTAD	四 [N,N-二 (4-甲氧基苯基) 氨基]-9,9′- 螺二芴
TEM	透射电子显微镜 (transmission electron microscope)
TGA	热重分析法 (thermogravimetric analysis)
ToF-SIMS	飞行时间二次离子质谱 (time-of-flight secondary ion mass spectrometry)
V_{OC}	开路电压 (open-circuit voltage)

目 录

第 1 章 引言 ·· 1
  1.1 卤素钙钛矿材料 ·· 2
  1.2 钙钛矿太阳能电池 ·· 4
      1.2.1 钙钛矿太阳能电池的发展概述 ······································· 4
      1.2.2 钙钛矿太阳能电池的稳定性概述 ···································· 5
  1.3 钙钛矿太阳能电池的热稳定性机理研究进展 ······························ 7
      1.3.1 基于器件结构的热稳定性机理研究 ································· 7
      1.3.2 基于材料与薄膜的热稳定性机理研究 ··························· 10
  1.4 全无机卤素钙钛矿的研究进展 ··· 15
      1.4.1 A=Cs^+ 的全无机卤素钙钛矿 ·· 15
      1.4.2 新型全无机卤素钙钛矿材料 ·· 20
  1.5 研究思路及主要内容 ·· 30

第 2 章 实验方法 ··· 32
  2.1 实验试剂 ·· 32
  2.2 太阳能电池制备 ··· 33
  2.3 材料合成 ·· 33
      2.3.1 气相扩散法制备 γ-$CsPbI_3$ @ Cs_4PbI_6 材料 ······················· 33
      2.3.2 固相合成法制备 $Cs_2PbI_2Cl_2$ 和 $Cs_2SnI_2Cl_2$ 材料 ············ 34
  2.4 太阳能电池表征方法 ·· 34
  2.5 其他表征方法 ·· 35
  2.6 理论计算方法 ·· 37

第 3 章 倒置结构钙钛矿太阳能电池的高温衰降机制研究 ············ 39
  3.1 倒置结构电池的高温衰降与器件结构组成的关系 ······················ 39
  3.2 高温老化过程中离子扩散和界面反应的研究 ···························· 42

      3.2.1 高温下的离子扩散 ··· 43
      3.2.2 高温下的电极界面反应 ··· 45
  3.3 高温老化过程中 MAI 损失对 MAPbI$_3$ 薄膜的影响 ············ 47
      3.3.1 薄膜形貌 ·· 47
      3.3.2 薄膜导电性 ·· 49
      3.3.3 薄膜载流子动力学 ··· 50
  3.4 倒置器件结构的高温衰降机制与理论指导意义 ················· 52
      3.4.1 电极诱导离子扩散的高温衰降机制 ························ 52
      3.4.2 调控 PSC 热稳定性的基本原则 ······························ 53
  3.5 小结 ··· 56

第 4 章 γ-CsPbI$_3$ 在 Cs$_4$PbI$_6$ 框架中的自发生长及稳定性研究 ··· 57
  4.1 气相扩散法探索不同 CsI-PbI$_2$ 体系 ································· 57
  4.2 γ-CsPbI$_3$@Cs$_4$PbI$_6$ 结构与光学性质研究 ·························· 60
      4.2.1 相组成与结构分析 ··· 60
      4.2.2 热分析 ··· 62
      4.2.3 光学性质 ·· 64
      4.2.4 变温荧光光谱分析 ··· 65
      4.2.5 荧光寿命分析 ·· 67
  4.3 CsPbX$_3$@Cs$_4$PbX$_6$(X=Cl, Br, I) 结构拓展与生长机制推测 ··· 68
      4.3.1 CsPbX$_3$@Cs$_4$PbX$_6$(X=Cl, Br, I) 结构的纳米相生长
           行为 ··· 69
      4.3.2 热力学控制的 γ-CsPbI$_3$ 自发生长机制 ··················· 71
  4.4 γ-CsPbI$_3$ 在 Cs$_4$PbI$_6$ 无机框架中的稳定性评估 ················ 74
      4.4.1 热稳定性 ·· 74
      4.4.2 环境稳定性 ·· 75
  4.5 小结 ··· 76

第 5 章 全无机二维卤素钙钛矿 Cs$_2$PbI$_2$Cl$_2$ 的合成与性质研究 ··· 77
  5.1 模型体系 Cs$_2$PbX$_4$ (X=Cl, Br, I) 的探索合成与热力学稳定
      性研究 ·· 77
      5.1.1 Cs$_2$PbX$_4$ (X=Cl, Br, I) 体系的探索合成 ···················· 77

    5.1.2 Cs_2PbX_4 (X=Cl, Br, I) 体系的热力学稳定性 ········· 79
    5.1.3 $Cs_2PbI_2Cl_2$ 的热力学稳定性 ······················· 81
  5.2 $Cs_2PbI_2Cl_2$ 的光电性质与响应性研究 ··················· 83
    5.2.1 单晶生长与光学性质表征 ························· 83
    5.2.2 紫外光电响应性 ································· 84
    5.2.3 α 粒子响应性 ·································· 87
  5.3 $Cs_2PbI_2Cl_2$ 材料体系的结构拓展 ······················· 88
    5.3.1 B 位拓展：B= Sn^{2+} 及 $Cs_2Pb_xSn_{1-x}I_2Cl_2$ 固溶液 ····· 88
    5.3.2 A 位拓展：A=Rb^+ 及 A 位离子尺寸的影响 ······· 91
    5.3.3 高层数的全无机二维卤素钙钛矿材料探索 ········· 92
  5.4 $Cs_2MI_2Cl_2$ (M=Pb, Sn) 的稳定性评估 ··················· 93
    5.4.1 热稳定性 ······································· 93
    5.4.2 环境稳定性 ···································· 94
  5.5 小结 ··· 95

第 6 章 结论 ·· 97
  6.1 主要结论 ··· 97
  6.2 主要创新点 ··· 98
  6.3 展望 ··· 99

参考文献 ·· 100

在学期间发表的学术论文与研究成果 ··························· 124

致谢 ·· 126

第 1 章 引　　言

能源问题一直都是人类社会发展所面对的重要问题。随着人类社会的进步、科学技术的发展、工业化水平的提高,人类对能源的需求日益增加。为了应对传统化石能源不可再生及环境污染带来的巨大压力,新型可再生能源的开发利用显得尤为重要。近年来,以太阳能、风能、水能、地热能等为代表的新能源受到人们的广泛关注。其中,太阳能作为来源广泛且清洁无污染的可再生能源,驱动了科学家们对光伏发电的积极研究。我国是世界上能源消费增长最快的国家,但能源结构和资源空间分布并不理想,因此对新能源产业十分重视。作为新能源贡献量最大的国家,我国在光伏发电方面投入极大,增长也最快(图 1.1)[1],相信光伏产业的发展能有效帮助我国改善依赖传统能源和新能源占比过低的严峻问题。

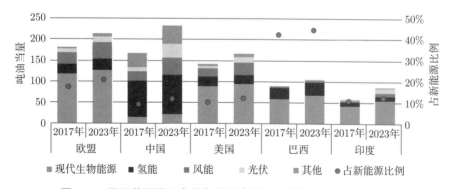

图 1.1　国际能源署公布的部分国家可再生能源贡献与分布状况
(2017 年和 2023 年)[1](见文前彩图)

1.1 卤素钙钛矿材料

近年来,卤素钙钛矿材料（ABX$_3$）因其在光伏领域的突出发展受到人们的广泛关注。目前,钙钛矿太阳能电池（perovskite solar cell,PSC）已经实现了单结器件 23.7% 的认证效率,仅低于单晶硅和 GaAs 薄膜器件,与单晶硅的串联器件也达到了 28.0% 的认证效率[2],足以满足商业化应用的需求。

如图 1.2(a) 所示,卤素钙钛矿材料 ABX$_3$ 与传统氧钙钛矿 CaTiO$_3$ 的结构相同,通过 B 位金属的卤素八面体基本单元[BX$_6$]共点连接形成三维骨架结构,A 位由阳离子填充空隙位构成。一般来说,B 位为二价金属离子 Pb^{2+}/Sn^{2+}/Ge^{2+},X 位为卤素离子 I$^-$/Br$^-$/Cl$^-$,A 位为有机甲胺（MA$^+$）/甲脒（FA$^+$）离子或碱金属离子 Cs$^+$。

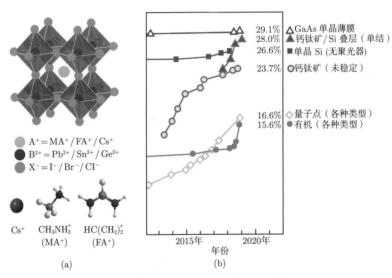

图 1.2 卤素钙钛矿结构及光伏器件效率

(a) 卤素钙钛矿 ABX$_3$ 结构示意图及 A 位阳离子结构;(b) 美国国家可再生能源实验室（NREL）认证的部分光伏器件效率记录图[2]

早在 1926 年,Goldschmidt 就使用容忍因子 t（tolerance factor）来定性判断钙钛矿结构是否能够存在[3],t 定义如下:

$$t = \frac{r_A + r_X}{\sqrt{2}(r_B + r_X)} \tag{1-1}$$

其中，r 代表三种离子的离子半径。一般地，当 $0.8 < t < 1$ 时，该组成有很大可能构成三维钙钛矿。不过该方法在卤素钙钛矿体系主要反映 A 位离子尺寸的影响，主要限定了三种可选择的 A 位离子。对于 B 位与卤素离子是否能够有效形成八面体构型，人们后来又引入八面体因子 μ（octahedral factor）来定性描述[4]，μ 定义如下：

$$\mu = \frac{r_B}{r_X} \tag{1-2}$$

要形成 $[BX_6]$ 八面体，一般需要 $\mu > 0.414\,(\sqrt{2}-1)$。为了更好地描述卤素钙钛矿体系，Travis 等人综合考虑 t 和 μ，修正了离子半径并将容忍因子的下限修改至 0.875，绘制了能够对卤素钙钛矿结构的形成做出较好定性判断的 $\mu\text{-}t$ 图（图 1.3）[4-5]。

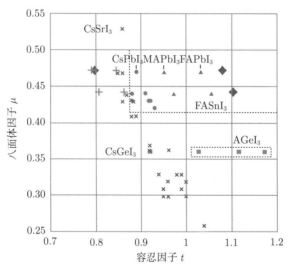

图 1.3 ABI_3 化合物的 $\mu\text{-}t$ 图[4-5]

点和叉分别代表稳定的无机卤素钙钛矿和非钙钛矿结构，三角和菱形分别代表稳定的杂化卤素钙钛矿和非钙钛矿结构，方块为 $B=Ge^{2+}$ 的类钙钛矿结构

以甲胺铅碘（$CH_3NH_3PbI_3$，$MAPbI_3$）为代表，卤素钙钛矿材料在光伏领域的优势主要来源于以下几个方面：

（1）光学性质方面。具有直接带隙结构（优于 Si 的间接带隙结构），消光系数高（约为 $10^5\,cm^{-1}$，部分波长比 Si 和 GaAs 高出一个数量级[6]），带隙合适且可调节。

(2) 载流子性质方面。以自由载流子为主（激子结合能小，2～75 meV[7]），具有高度展宽的能带结构（dispersive band）[5]、优异独特的缺陷容忍度（缺陷浓度低：多晶薄膜为 10^{15}～10^{17} cm^{-3}，单晶可低至 10^{10} cm^{-3}[7-8]；多为浅缺陷能级，深缺陷形成能较大 [9-10]；与单晶硅等材料的极高纯度需求不同，卤素钙钛矿对杂质容忍度很高），迁移率高（60～75 cm$^2 \cdot$V$^{-1} \cdot$s^{-1}，m-TiO$_2$/MAPbI$_3$ 约为 20 cm$^2 \cdot$V$^{-1} \cdot$s^{-1}[11]）且载流子扩散距离长（单晶可达到微米级 [8,12-13]）。

(3) 制备加工方面。无元素稀缺问题；由于消光系数高，所需的薄膜厚度很小（几百纳米），因此成本低廉；此外，较高的前驱体溶解度也保证了薄膜的湿法加工性，成膜性能得到较好的控制。

1.2 钙钛矿太阳能电池

目前的高效率 PSC 多为有机-无机杂化体系，在介绍全无机卤素钙钛矿材料之前，本章首先简要介绍 PSC 的发展和稳定性问题，再通过核心热稳定性机理的研究进展，论述研究全无机卤素钙钛矿材料体系的重要性。

1.2.1 钙钛矿太阳能电池的发展概述

MAPbI$_3$ 材料早在 1978 年就由 Weber 等人发现 [14]，CsPbX$_3$ 的研究甚至可以追溯到 1893 年 Wells[15] 和 1957 年 Møller[16] 的报道。但真正让卤素钙钛矿成为研究热点的开端，来自于 2009 年 Kojima 等人第一次将 MAPbI$_3$ 和 MAPbBr$_3$ 以染料的形式应用于太阳能电池并制备了效率为 3.8% 的器件 [17]。

2012 年，Kim 等人使用固态电解质 Spiro-OMeTAD 替代碘电解液，在制备出全固态太阳能电池的同时克服了效率迅速衰降的问题，并获得了 9.7% 的转化效率，使 PSC 迅速受到人们的关注 [18]。另一方面，Lee 等人用绝缘 Al$_2$O$_3$ 框架替代 TiO$_2$ 多孔结构 [19]，Etgar 等人则使用无空穴传输层的 MAPbI$_3$/Au 结构 [20]，这些研究充分证实钙钛矿自身可以传输电子或空穴，打破了染料敏化机制的限制，并能够兼顾吸光与传输载流子的功能。Grätzel 课题组在 2013 年使用"两步法"分离 PbI$_2$，再利用 PbI$_2$ 层与甲基碘化胺（MAI）反应制备 MAPbI$_3$ 层 [21]；Snaith 课题组则使用双源共蒸镀的方法让 PbI$_2$ 和 MAI 同时沉积反应 [22]，均得到了超过 15% 的器件效率。2014 年，Seok 课题组的 Jeon 等人提出了溶剂工程的概念，在钙钛矿薄膜制备过程中引入甲苯作为反溶剂辅助薄膜结晶[23]。Seok 课题组的 Yang 等人则在 2015 年使用二甲基亚砜（DMSO）混合溶剂辅助钙钛矿分子内交换，并引入甲脒调节组分，将器件效率提升至 20.1%[24]，该方法中使用的 $(FAPbI_3)_x(MAPbBr_3)_{1-x}$ 化学组成也成为许多高效率器件的选择。在之后的很长时间内，研究者在钙钛矿组成与制备方法等方面做了很多努力，器件效率持续提升并得到认证，同时不同结构类型的 PSC 体系也得到完善。

PSC 的工作原理为钙钛矿层吸光产生的载流子通过两侧的电子传输层（ETL）和空穴传输层（HTL）提取传输至电极形成回路，因此，根据电子传输层和空穴传输层的位置关系可以构成如图 1.4 所示的两类器件结构：传统正向结构和倒置结构。传统正向结构器件在多孔膜体系辅助下的开路电压（open-circuit voltage，V_{OC}）较高，高效率认证使用的器件均为该类结构。倒置结构的 PSC 由于具有简单的平面薄膜结构，逐渐受到人们的青睐，器件效率也迅速提升，如 Luo 等人使用溶液法二次生长钙钛矿薄膜，有效抑制了非辐射复合并提高了器件 V_{OC}，制备了效率达到 21% 的平面倒置结构 PSC[25]。

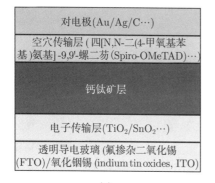
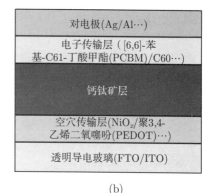

(a)　　　　　　　　　　　　(b)

图 1.4　PSC 的两类器件结构

(a) 传统正向结构；(b) 倒置结构

1.2.2　钙钛矿太阳能电池的稳定性概述

成本、效率、稳定性是太阳能电池商业化应用的三大标准，PSC 的成本优势和高效率认证已经让人们看到其产业化的巨大潜力。但随着研究的深入，人们逐渐认识到稳定性问题，尤其是有机–无机杂化钙钛矿自身的不稳定性是制约 PSC 走向实际应用的瓶颈科学问题。

针对器件运行环境中的不同敏感条件，PSC 的稳定性问题主要包括湿度稳定性、氧气稳定性、光照稳定性、电场稳定性和热稳定性。

Wang 课题组最先对 MAPbI$_3$ 的水氧稳定性做了系统研究，研究表明环境中的水、氧气和太阳光中的紫外部分均会促进 MAPbI$_3$ 的反应向分解反应方向进行[26]，如式 (1-3)~ 式 (1-6) 所示。其中，水分子参与的第一步平衡过程（式 (1-3)）极大程度上引发了卤素钙钛矿的分解。Christians 等人的进一步分析表明，杂化卤素钙钛矿中有机阳离子与 H$_2$O 分子间的强氢键作用会极大地弱化其与铅碘骨架的相互作用[27]，H$_2$O 分子的质子化过程也会参与 HI 的形成并加速有机组分 CH$_3$NH$_2$ 的脱离[28]，造成卤素钙钛矿的分解。

$$CH_3NH_3PbI_3(s) \overset{H_2O}{\rightleftharpoons} PbI_2(s) + CH_3NH_3I(aq) \quad (1\text{-}3)$$

$$CH_3NH_3I(aq) \rightleftharpoons CH_3NH_2(aq) + HI(aq) \quad (1\text{-}4)$$

$$4HI(aq) + O_2(g) \rightleftharpoons 2I_2(s) + 2H_2O(l) \quad (1\text{-}5)$$

$$2HI(aq) \overset{h\nu}{\rightleftharpoons} H_2(g) + I_2(s) \quad (1\text{-}6)$$

氧气稳定性主要表现在两个方面：① 卤素钙钛矿自身对氧气的敏感。除了与氧气的反应（式 (1-5)）会造成卤素钙钛矿材料降解之外，Haque 课题组的研究表明氧分子会在卤素钙钛矿碘缺陷的存在下扩散进入体相薄膜，捕获其导带电子并形成活性超氧离子 O_2^-，进一步引发与 A 位阳离子的酸碱反应，这一过程在 TiO$_2$ 多孔膜的存在下更容易发生[29-30]。② 卤素钙钛矿 B 位低价金属离子（Sn^{2+}）的氧化。锡基卤素钙钛矿由于 Sn^{2+} 极易氧化而对环境中的氧气极其敏感，除了体相中高价态氧化物的生成，氧化过程还会引入空位缺陷，使薄膜的空穴浓度急剧增加，造成器件失效[31-33]。

水氧稳定性在严格的封装保护下可以得到有效改善[34]，但是光照、电场和高温是器件运行过程中必须存在的条件，因此目前的研究越来越重视器件在这些条件下的运行稳定性。

对于光照稳定性，一方面，光作为一种能量形式会加速卤素钙钛矿的缺陷反应造成材料分解[35] 或加速离子迁移造成分相（混合卤素或混合 A 位离子的卤素钙钛矿的组分分离）[36-38]；另一方面，太阳光中高能量的紫外部分会以光催化的形式加速 TiO_2 多孔膜体系中卤素钙钛矿的分解[39-40]。

电场稳定性方面，由于卤素钙钛矿天然的离子导电性[41]，在电场诱导下体相中的卤素离子和 A 位有机离子能够发生迁移并伴随电荷在界面的堆积，造成回滞现象并对材料的长期稳定性带来隐患[42-43]。Yuan 等人在 1.6 V/μm 的电场极化下观测到 MA^+ 的迁移堆积[44]，确认在 I^- 在电场中迁移的同时观测到 50℃下 I^- 的长期迁移，这会造成 $MAPbI_3$ 分解产生 PbI_2[45]。伴随着光和热的作用，电场中的离子迁移过程会加速有机组分脱离体系，造成材料降解和器件失效。

热稳定性一直是稳定性问题中最难解决的难题。器件在高温环境下运行需要经受长时间高于 65℃的输出环境，稳定性测试标准（IEC-61646, 2008）更是要求器件能够在 85℃高温老化 1000 h 后保持 90% 的初始效率[46]。虽然目前已经有很多关于器件的研究克服了水氧、光照、电场条件下的稳定性问题，并报道了较低温度下（<60℃）大于 1000 h 的持续输出[38,47-50]，但当温度升高至 85℃后，绝大多数器件开始迅速衰降。因此，热稳定性是 PSC 稳定性研究中最大的挑战，也是本书选择热稳定性作为研究出发点的原因。

1.3 钙钛矿太阳能电池的热稳定性机理研究进展

研究 PSC 热稳定性的重要性在于，从薄膜制备（高温退火过程）、组件封装（超过 140℃的短时间封装过程）、稳定性测试（85℃高温老化标准）到最终的器件运行（长期的高温输出环境）都和温度直接相关[34]。在高温环境下，所有和卤素钙钛矿分解相关的过程都会加速，造成材料的分解和器件的衰降。因此，研究 PSC 的热稳定性机理对于理解和提高器件稳定性至关重要。

根据研究体系的不同，PSC 的热稳定性机理研究主要针对器件结构和材料薄膜两个方面。

1.3.1 基于器件结构的热稳定性机理研究

基于器件结构的热稳定性研究虽然直接面向器件整体，能够清晰直观地反映实际运行中的问题，但是复杂的研究体系也引入了更多的反应界面与不稳定因素，主要概括为载流子传输层的不稳定性与器件内部的离子扩散两个方面。

1.3.1.1 载流子传输层的不稳定性

PSC 一般需要电子传输层和空穴传输层两类载流子传输层。无机氧化物半导体传输层一般具有较好的本征热稳定性，如电子传输材料 TiO_2、SnO_2 和空穴传输材料 NiO_x 等。仅从热稳定性的角度考虑，无机氧化物传输层的使用对于提高器件稳定性具有较好的作用。但是较活泼的氧化物也可能与钙钛矿层在界面发生酸碱反应，如 Yang 等人报道了 ZnO 基底会与 $MAPbI_3$ 薄膜发生甲胺离子的去质子化反应而导致薄膜的分解[51]。相比而言，有机传输层的热稳定性问题更为明显。在倒置结构器件中常用的空穴传输材料聚噻吩类 PEDOT 本身的热稳定性问题在有机太阳能电池中已经被广泛报道[52]；在传统正向结构中广泛使用的空穴传输材料 Spiro-OMeTAD 由于玻璃化转变温度较低（T_g=124℃），在高温下易结晶，从而影响器件性能[53]（图 1.5(a)）。Bailie 等人[54] 和 Jena 等人[55] 观测到 Spiro-OMeTAD 中的添加剂双三氟甲烷磺酰亚胺锂（Li-TFSI）和叔丁基吡啶（tBP）容易在电极覆盖区域挥发形成孔洞，阻碍空穴的有效传输。因此，发展热稳定性良好且无需添加剂的载流子传输材料成为一个重要的研究趋势。

1.3.1.2 器件内部的离子扩散

器件的多层结构抑制了材料的直接分解，但界面的引入也增加了反应途径和离子扩散的通道，离子扩散相关的不稳定性主要包括钙钛矿层卤素离子的扩散、电极的扩散与电极的界面反应。

（1）钙钛矿层卤素离子的扩散过程在高温活化下会加速。Divitini 等人在透射电子显微镜中直接升温并观测器件界面元素分布的变化，发现高温下卤素钙钛矿的分解会伴随碘元素在传输层两侧的扩散[56]。扩散的碘会抑制空穴传输材料 Spiro-OMeTAD 的氧化过程，降低空穴传输层的导电率[57]；碘离子也会与电子传输材料 PCBM 相互作用产生 n 型掺杂，但该过程会加速 $MAPbI_3$ 的分解[58-59]。

（2）Domanski 等人观测到在 70℃加热 15 h 后，正向器件中的 Au 电极就会扩散至钙钛矿层和 TiO_2 多孔层，造成器件效率的衰降[60]。Boyd 等人[61] 和 Wu 等人[62] 也在 85℃加热 1000 h 的老化条件下检测到 Ag 电极能够通过无机半导体层的裂缝和 PCBM 层扩散至钙钛矿层。Ming 等人通过理论计算证明一价的电极金属如 Pd, Cu, Ag, Au, Co, Ni 在钙钛矿体相都有很低的扩散势垒[63]，也表明了电极金属的易扩散特性。

（3）卤素离子与金属电极在不同环境条件下的反应均有报道。Kato 等人首先发现在室温和空气环境中，钙钛矿分解产生的挥发性 MAI/HI 或 I_2 组分可以通过 Spiro-OMeTAD 的空隙通道扩散至器件外与 Ag 电极反应[64]（图 1.5(b)）; Han 等人[65] 和 Besleaga 等人[66] 在 85℃高温加热条件下亦观测到正向器件中 I^- 通过 Spiro-OMeTAD 扩散至 Ag 电极界面发生反应。另外，本书第 3 章的研究完善了倒置结构器件体系，并观测到 I^- 和 MA^+ 扩散通过 PCBM 层与 Ag 电极发生界面反应[67]。

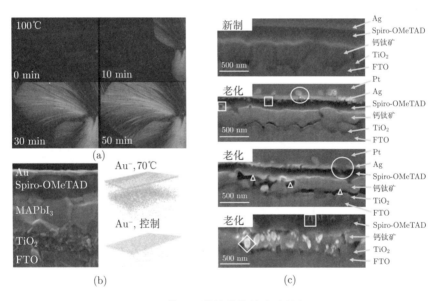

图 1.5　基于器件结构的热稳定性问题

(a) Spiro-OMeTAD 在 100℃加热时的结晶状况[53]；(b) 传统正向结构器件中的 Au 扩散[64]；(c) 封装正向器件在 55℃（器件实际温度为 85℃）和 50% 湿度下老化前后截面的扫描电镜（SEM）图像[65]（衰降特征用符号圈出，圆形：AgI 的生成破坏 Ag 电极连续性；方块：Spiro-OMeTAD 产生孔洞；三角：钙钛矿层产生孔洞；菱形：钙钛矿层形成 PbI_2）

从上述研究结果可以看出，无论是金属电极的扩散还是卤素离子扩散并与电极发生界面反应，器件热稳定性都与电极材料直接相关，因此电极材料的选择是改善器件热稳定性的重要环节。

基于器件结构的热稳定性机理研究存在的问题是在本书的研究之前，尚没有倒置结构器件的高温衰降机制报道。更重要的是，关于热稳定性的机理研究都相对独立分散，并没有建立起从卤素钙钛矿分解到电池效率衰降的有效关联。

1.3.2 基于材料与薄膜的热稳定性机理研究

1.3.2.1 卤素钙钛矿的结构稳定性

结构稳定性（相态稳定性）是温度对材料最基本的影响方式。对于卤素钙钛矿体系，一般随着温度的降低，对称性会伴随铅碘骨架的扭曲而逐渐降低，由高温的立方结构（α 相）转变为低温的四方/正交结构（β，γ 相）（图 1.6(a)，表 1.1）。

另一方面，在卤素钙钛矿的 A 位离子中，Cs^+ 的尺寸稍小，FA^+ 的尺寸稍大，在室温下 $CsPbI_3$ 和 $FAPbI_3$ 都无法维持稳定的钙钛矿骨架结构，会相变至铅碘八面体共边或共面连接的非钙钛矿 δ 相。因此，相较于 $CsPbI_3$ 和 $FAPbI_3$，$MAPbI_3$ 具有更好的结构稳定性，成为人们研究的重点。

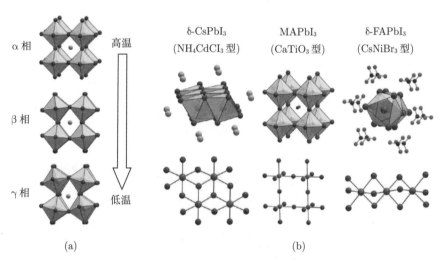

图 1.6　卤素钙钛矿的结构稳定性
(a) 卤素钙钛矿对称性随温度的变化；(b) 室温下 $APbI_3$
(A=Cs, MA, FA) 结构和铅碘骨架 [68]

表 1.1　卤素钙钛矿的相态稳定性 [69-72]

化合物	α相（高温）	β相	γ相（低温）	δ相（非钙钛矿）
$MAPbI_3$	>327.4 K（立方）	162.2~327.4 K（四方）	<162.2 K（正交）	
$MAPbBr_3$	>236.9 K（立方）	155.1~236.9 K（四方）	149.5~155.1 K（四方）	<144.5 K（正交）
$MAPbCl_3$	>178.8 K（立方）	172.9~178.8 K（四方）	<172.9 K（正交）	
$FAPbI_3$	>285 K（立方）	140~285 K（四方）	<140 K（四方）	<438 K（六方）
$CsPbI_3$	>539 K（立方）	425~539 K（四方）	<425 K（正交）	<595 K（正交）

1.3.2.2　卤素钙钛矿材料与薄膜的热不稳定性

热重分析结果表明，$MAPbI_3$ 材料在 250℃以上才开始失重，分解产生有机组分 HI 和 CH_3NH_2[73] 或 NH_3 和 CH_3I[74]。其中，NH_3 和 CH_3I 作为分解产物受热力学驱动，但由于中间态重组和断键的方式复杂，该反应过程在动力学上受阻，因此主要在高温（>300℃）和低分解速率下发生，在低于 240℃的温度范围内基本采取生成 HI 和 CH_3NH_2 的分解方式[75]。

虽然热分析实验中 $MAPbI_3$ 材料能够在较高温度下维持热稳定性，但实际上这与表征实验中的快速升温条件（5~10℃/min）有关，在材料或薄膜中，即使是 85℃的加热条件，$MAPbI_3$ 也已经发生了不可逆的降解。对于体相材料，Yu 等人利用原位漫反射红外光谱（DRIFTS）检测不同条件下 $MAPbI_3$ 的分解，得到其在 N_2 氛围中 85℃下的分解速率为 $k = (0.17 \pm 0.06)\%/h$[76]，相比于 1000 h 维持 90% 效率的器件（以一级反应计，材料分解速率 k 应小于 0.01 %/h），其寿命是很短的。该实验得到的分解活化能 E_a=1.24 eV 也与其他文献通过 XRD 等表征手段得到的分解活化能（0.7~1.5 eV）基本一致[76-77]。对于薄膜材料，Conings 等人发现即使是在 N_2 气氛、黑暗条件下 85℃加热 24 h，薄膜的荧光（photoluminescence，PL）强度也会衰减，导电性逐渐降低，表明卤素钙钛矿薄膜已经发生了分解，在 O_2 或空气中的分解过程会更加迅速[78]（图 1.7(a) 和图 1.7(b)）。在微观分解形式方面，Fan 等人在透射电子显微镜（transmission electron microscope，TEM）下原位加热 MAPbI$_3$，观测到 MAPbI$_3$ 会沿着 ⟨001⟩ 方向逐层剥离分解，产生分解产物 PbI$_2$[79]（图 1.7(c)）。

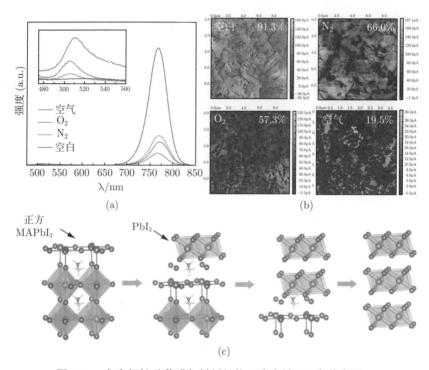

图 1.7 卤素钙钛矿薄膜与材料的热不稳定性（见文前彩图）
(a) 不同环境下 85℃加热 24 h 后 MAPbI$_3$ 薄膜的导电原子力显微镜（c-AFM）图像；
(b) 不同环境下 85℃加热 24 h 后 MAPbI$_3$ 薄膜的荧光（PL）
发射光谱[78]；(c) MAPbI$_3$ 逐层分解示意图 [79]

1.3.2.3 卤素钙钛矿结构层面热不稳定性的根源

以 MAPbI$_3$ 为代表的杂化卤素钙钛矿材料/薄膜的热不稳定性与其自身结构性质直接相关，主要体现在两个方面：

（1）卤素钙钛矿结构框架的高热膨胀系数和低热导率。卤素钙钛矿体系的晶格膨胀系数较大（$\alpha_V \approx 1.6 \times 10^{-4}$ K^{-1}），是电池基底常用的钠钙玻璃的 6 倍，也比包括铜铟镓硒和碲化镉在内的薄膜光伏材料大得多 [80-81]，这在加剧薄膜热应力的同时也为有机组分脱离和结构瓦解提供了条件。而另一方面，实验测量得到的钙钛矿材料的热导率极低（$\kappa = 0.3 \sim 1$ W/(m·K)）[82-84]，这不利于薄膜的热扩散，也会间接影响材料的热稳定性。

(2) 有机组分易脱离体系。热力学上计算得到的 MAPbI$_3$ 的生成焓很低（$\Delta H_\text{f} \approx -0.1$ eV）[85]，材料自身并不够稳定，体系中有机组分的易挥发性更是直接加剧了材料的热分解过程。在高温下，卤素钙钛矿晶格膨胀，铅碘骨架间的有机阳离子与无机骨架的相互作用较弱，很容易迁移出体系[86]（图 1.8），并且这种诱发材料分解的迁移过程与卤素钙钛矿自身极易发生的离子迁移行为直接相关[87]。理论计算结果表明，MAPbI$_3$ 中最易迁移的是 I$^-$（迁移势垒 $E_\text{a}=0.08\sim0.58$ eV），其次为 MA$^+$（$E_\text{a}=0.46\sim0.84$ eV）[88-90]，离子迁移势垒与实验观测的离子迁移活化能（0.36 eV）相符[44]，也与间隙位缺陷生成能很接近（I$^-$：0.23$\sim$0.83 eV; MA$^+$：0.20$\sim$0.93 eV）[9]。Walsh 等人的研究进一步表明，MA$^+$ 的存在会显著降低生成空位缺陷和 MAI 的分解反应（式 (1-7)）的活化能（$\Delta H_\text{S} \approx 0.08$ eV/defect）[91]，使高温下 MAI 的脱离更容易发生。相比而言，全无机卤素钙钛矿薄膜的离子迁移势垒在光照条件下比有机–无机杂化体系高得多，这一点也得到了 Zhou 等人在实验上的验证[92]。

$$\text{nil} \longrightarrow \text{V}_\text{MA} + \text{V}_\text{I} + \text{MAI} \tag{1-7}$$

从上述讨论可以看出，MAPbI$_3$ 的热不稳定性与体系的有机组分有直接关系。因此，A 位掺杂高沸点组分，如 FA$^+$，Cs$^+$ 和 Rb$^+$ 等，经常被用来改善材料和器件的热稳定性。Eperon 等人比较了 MAPbI$_3$ 和 FAPbI$_3$ 薄膜，发现后者在空气中 150°C 的加热条件下更稳定[93]；Niu 等人在 MAPbI$_3$ 中掺杂 Cs$^+$ 制备了热稳定性更好的 MA$_{0.11}$Cs$_{0.09}$PbI$_3$ 薄膜[94]；Saliba 等人在 MA/FA 共混的钙钛矿中掺杂 Cs$^+$ 制备 Cs$_{0.05}$(MA$_{0.17}$FA$_{0.83}$)$_{0.95}$Pb(I$_{0.83}$Br$_{0.17}$)$_3$ 薄膜，得到热稳定性的提升[95]，进一步掺杂 5% 的 Rb$^+$，他们制备了能够满足热稳定性测试标准的混合 A 位离子（RbCsMAFA）PSC[96]。但是，Kubicki 等人利用固体核磁（ss-NMR）技术证明 K$^+$ 和 Rb$^+$ 都无法进入钙钛矿晶格[97]，可能仅以钝化缺陷的形式存在于体系中；Tan 等人在混合组分 Cs$_{0.05}$(MA$_{0.17}$FA$_{0.83}$)$_{0.95}$Pb(I$_{0.83}$Br$_{0.17}$)$_3$ 薄膜的 150°C 加热过程中观测到两个阶段的热分解过程，第一阶段与纯相 MAPbI$_3$ 薄膜具有相同的分解动力学，表明晶格中的其他阳离子组分并不能帮助稳定 MA$^+$[98]。因此，即使不考虑文献 [96] 中使用的钙钛矿组分已经多达 7 种，在实际工业生产中极难调控，单纯的无机掺杂也很难从根本上解决主体有机组分的热不稳定问题。

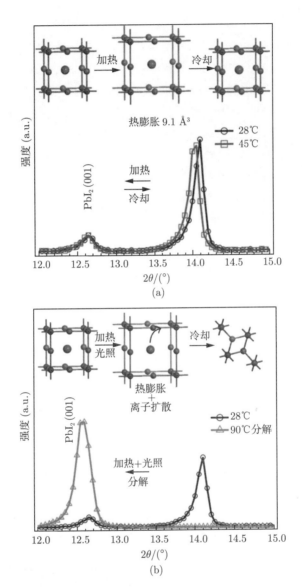

图 1.8　MAPbI$_3$ 的受热膨胀与分解
(a) MAPbI$_3$ 薄膜的受热膨胀 XRD 谱图；(b) 高温分解 XRD 谱图 [86]

因此，从卤素钙钛矿材料与薄膜的热稳定性研究结果可以看出，全无机组分的使用或新材料体系的开发是从根本上解决卤素钙钛矿热稳定性问题的重要途径。

1.4 全无机卤素钙钛矿的研究进展

受结构容忍度限制，全无机三维卤素钙钛矿 ABX_3 的可选 A 位离子只能是 Cs^+，较小的 K^+ 和 Rb^+ 都无法支撑起八面体共点连接的骨架结构，如 $KPbI_3$ 和 $RbPbI_3$ 都和室温下的非钙钛矿黄相 $\delta\text{-}CsPbI_3$ 一样采取 $[NH_4]CdCl_3$ 构型。另一方面，人们从阳离子演变的思路合成了一系列新型全无机卤素钙钛矿结构（双钙钛矿和有序空位钙钛矿），虽然丰富了卤素钙钛矿的结构类型，但从电子维度的角度考虑也存在许多问题。本节将从 $A=Cs^+$ 的全无机 $CsMX_3$ 体系和新型全无机卤素钙钛矿材料体系两个方面展开讨论。

1.4.1 $A=Cs^+$ 的全无机卤素钙钛矿

虽然全无机卤素钙钛矿的使用能够从根本上解决卤素钙钛矿的本征热稳定性问题，但在进一步讨论 $A=Cs^+$ 体系之前，考察 A 位离子从有机 MA^+/FA^+ 变为无机 Cs^+ 是否会对材料的光电性质带来影响是十分必要的。

Zhu 等人通过超快动力学研究观测到 $MAPbBr_3$ 和 $FAPbBr_3$ 的单晶中存在寿命约为 10^2 ps 的载流子热荧光激发，而在 $CsPbBr_3$ 单晶中并未观测到，因此他们认为这与有机组分分子重整运动有关，有机-无机杂化体系能够以类似溶剂化或者形成大极化子的方式在热载流子超快冷却过程中对其产生有效的动态屏蔽保护，从而有望实现热激子机制的太阳能电池，打破 Shockley-Queisser 效率极限 [99]，这也是目前人们认为有机-无机杂化卤素钙钛矿材料具有优异性能的部分原因。但是不考虑热激子的应用，仅考虑材料本身的光生载流子行为，Zhu 等人也通过研究证明 $MAPbBr_3$，$FAPbBr_3$ 和 $CsPbBr_3$ 单晶都具有很低的电子空穴辐射复合速率（约为 10^{-10} $cm^3 \cdot s^{-1}$）和相似的载流子迁移率（15~38 $cm^2 \cdot V^{-1} \cdot s^{-1}$）[100]；Dastidar 等人也在 $MAPbI_3$ 和 $CsPbI_3$ 薄膜体系通过瞬态太赫兹光谱得到了数量级一致的类似结果 [101]，这些结果均表明有机组分对于卤素钙钛矿体系并不是必要的。从能带结构分析，这主要是由于卤素钙钛矿 $APbI_3$ 的导带和价带分别由 Pb 的 6p 轨道和 I 的 5p 轨道、Pb 的 6s 反键轨道构成，A 位离子对带边结构基本没有贡献，带隙的差别主要由 Pb-I-Pb 键角的变化引起，因此仅与无机钙钛矿框架结构有关[68]。由此看来，在保证八面体骨架结构一致的前提下，无机组分替代 A 位有机离子并不会影响材料的光电性质。

1.4.1.1　A=Cs$^+$ 的全无机卤素钙钛矿概述

虽然全无机组分能够在保证材料光电性质的同时实现热稳定性的根本提升，但从表 1.2 汇总的 CsMX$_3$(M=Pb^{2+}、Sn^{2+} 或 Ge^{2+}，X= 卤素离子) 材料带隙情况和目前对该类材料的结构性质研究来看，全无机卤素钙钛矿存在的问题主要包括以下几个方面：

表 1.2　CsMX$_3$ 化合物及带隙 (M=Pb^{2+}、Sn^{2+} 或 Ge^{2+}，X= 卤素)

化学式	带隙/eV	参考文献	化学式	带隙/eV	参考文献
CsPbI$_3$	1.73	[93]	CsSnI$_3$	1.31	[102]
CsPbI$_2$Br	1.9	[103]	CsSnBr$_3$	1.75	[104]
CsPbIBr$_2$	2.05	[105]	CsSnCl$_3$	2.8	[106]
CsPbBr$_3$	2.25	[107]	CsGeI$_3$	1.6	[108]
CsPbCl$_3$	3.0	[109]	CsGeBr$_3$	2.32	[110]
CsPbF$_3$	/	[111]	CsGeCl$_3$	3.67	[110]

（1）B=Pb^{2+} 体系带隙较大和 CsPbI$_3$ 的相变问题。该体系中带隙最小且适合光伏应用的 CsPbI$_3$ 具有本征的热稳定性和化学稳定性，但由于 Cs$^+$ 较小，室温下黑色的钙钛矿相 δ-CsPbI$_3$ 会自发地转变为黄色的非钙钛矿相 δ-CsPbI$_3$（图 1.9(a)），有水汽的氛围下这一相变会更快[70]。混合卤素离子 I$^-$/Br$^-$ 是兼顾带隙和相稳定性的有效方法，但 Beal 等人[103] 和 Li 等人[112] 都在 CsPbI$_{3-x}$Br$_x$ 体系中观测到富碘相和富溴相的分相问题、伴随荧光发射的分峰现象（图 1.9(b)），分相过程在高温下会进一步加速，从而引发器件衰降。

（2）B=Sn^{2+} 体系中 Sn^{2+} 的化学不稳定性。Sn^{2+} 在制备过程中极易发生氧化，导致体相出现大量缺陷空位，使材料空穴浓度迅速增大[33,102]。这种本征的自掺杂效应很难避免，因此薄膜制备过程一般需要还原剂辅助（图 1.9(c)），并在体相中添加大量的 Sn^{2+} 源如 SnF$_2$ 等，但即使如此，锡基钙钛矿的光生载流子传输过程仍会受到严重影响，载流子复合过程极易发生，器件开路电压损失严重[32]。

（3）B=Ge^{2+} 体系中 Ge^{2+} 的化学不稳定性和结构变形。与 Sn^{2+} 的化学不稳定性类似，合成过程中控制 Ge^{4+} 的还原更加困难[108]。另一方面，随着原子序数的减小，ns^2 电子活性越来越明显，导致钙钛矿结构扭曲逐渐显著。Fabini 等人利用对分布函数（PDF）的分析得出高温下立方相 $CsSnBr_3$ 中 Sn^{2+} 已经偏离中心位置[113]。在 $CsGeI_3$ 的单晶结构中，则已经明显出现了两类长短不同的 Ge-I 键（三个短键：2.73～2.77 Å；三个长键：3.26～3.58 Å）[108]，这使 $CsGeI_3$ 更倾向于零维的 $Cs^+(GeI_3)^-$ 离子盐形式（图 1.9(d)）。除此之外，由于 Ge 4s 态的轨道能量介于 Pb 6s 和 Sn 5s 之间，与卤素 p 轨道的杂化程度相比锡钙钛矿更弱，导致价带顶（VBM）降低，带隙比 Sn 钙钛矿更宽[114]。

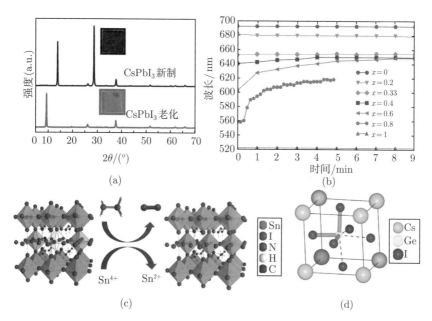

图 1.9　全无机卤素钙钛矿的相关研究（见文前彩图）

(a) $CsPbI_3$ 薄膜室温放置 12 h 内变黄前后的 XRD 谱图[117]；(b) $CsPbI_{3-x}Br_x$ 薄膜 PL 发光位置随时间的变化[103]；(c) 锡钙钛矿制备过程中还原性 N_2H_4 气氛对空位缺陷的抑制作用示意图[118]；(d) $CsGeI_3$ 晶体结构中的不对称 Ge-I 键[108]

因此，综合能带结构和本征化学稳定性，$CsPbI_3$ 是最具光伏应用潜力的全无机卤素钙钛矿材料，其带隙也处于叠层器件顶电池材料的最佳范围[115]。Wang 等人利用溶剂辅助生长的方法制备了效率为 15.7%（认证效率为 14.67%）的 $CsPbI_3$ 太阳能电池[116]，该器件在 N_2 气氛光照条件下放置 500 h 后效率无衰减，表明 $CsPbI_3$ 器件具有良好的光照稳定性，如果能够解决其相态稳定性问题，该器件将具有广阔的应用潜力。

1.4.1.2 $CsPbI_3$ 的相态稳定性问题

文献报道的 $CsPbI_3$ 材料各相态间的转化方式如图 1.10(a) 所示。可以看出，室温下得到的黑色钙钛矿相 γ-$CsPbI_3$ 很容易在环境气氛（水汽/有机极性溶剂）[70,119] 或温度扰动（升温至 80℃以上）[120-121] 的影响下相变为黄色非钙钛矿相 δ-$CsPbI_3$，且该相变过程不可逆，需要将材料或薄膜重新加热至 310℃以上才能恢复到钙钛矿相。因此，相态稳定性问题极大地制约了 $CsPbI_3$ 的应用。

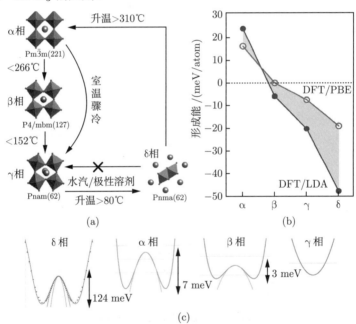

图 1.10　$CsPbI_3$ 的相态稳定性

(a) $CsPbI_3$ 不同相态的转变过程；(b) 理论计算的 $CsPbI_3$ 不同相态的形成能[122]；

(c) α-$CsPbI_3$ 和 β-$CsPbI_3$ 的非谐效应[72,123]

$CsPbI_3$ 的相态稳定性问题从本质上讲是由于室温下非钙钛矿相 δ-$CsPbI_3$ 是热力学最稳定的相态，这一点无论从实验合成还是理论计算的角度都已经得到充分的验证[70,122]。但这并不意味着室温下的钙钛矿相 γ-CsPbI$_3$ 是热力学不稳定的,相反,由于 γ-CsPbI$_3$ 能借助铅碘八面体扭转实现结构的稳定,在热力学上是三个钙钛矿相态(α,β,γ)中最稳定的结构(图 1.10(b))。严格来讲,由于更稳定的 δ-CsPbI$_3$ 相的存在,γ-CsPbI$_3$ 相在室温下属于该体系的亚稳态结构。Marronnier 等人通过电子结构和振动熵的计算发现,CsPbI$_3$ 的四种相结构中仅有 γ-CsPbI$_3$ 在势能面平衡位置附近具有简谐行为,α,β 和 δ 非钙钛矿相都由于非谐效应(在平衡位置附近有两个极小值)而表现出双势阱的不稳定性,因此他们认为避免 δ-CsPbI$_3$ 的无序振动熵是保证 CsPbI$_3$ 在室温下为黑色钙钛矿结构的关键(图 1.10(c))[72,123]。这也能部分解释室温下 N$_2$ 氛围中的 γ-CsPbI$_3$ 薄膜或材料能够以亚稳态的形式保存较长时间,而一旦升温到 80°C 以上就会发生迅速的相变过程。因此,γ-CsPbI$_3$ 的相态稳定性从原理上来看也是卤素钙钛矿热稳定性问题的一部分。

1.4.1.3 CsPbI$_3$ 制备方法的进展

目前报道的纯相 CsPbI$_3$ 钙钛矿的制备方法基本上都受动力学控制。

(1)体相材料一般只能通过将高温 α-CsPbI$_3$ 骤冷至室温的方法获得,缓慢的降温过程会引发快速的相变[122],溶液合成的方法受溶剂作用只能得到 δ-CsPbI$_3$。

(2)纳米晶的制备通常需要在有机配体包覆保护下高温快速反应或借助反溶剂快速形成[124-127]。这种配体协助制备纳米晶的方法也被直接应用于制备纳米尺寸晶粒的薄膜,使用的配体多为氮氧配位的有机长链胺类,如聚乙烯吡咯烷酮[128]、磺酸甜菜碱两性离子[129]、苯乙胺和油胺[130]等。不过从热力学的角度来看,Zhao 等人通过计算对比认为纳米尺寸下 γ-CsPbI$_3$ 的比表面能比 δ-CsPbI$_3$ 小,因此小尺寸(临界尺寸约为 100 nm)的 γ-CsPbI$_3$ 可能会获得比 δ-CsPbI$_3$ 更低的总能量而被稳定下来[131]。

(3)前驱体溶液法制备 CsPbI$_3$ 薄膜一般依赖高温退火过程中溶剂的快速挥发,或者其他溶剂配体的辅助。Eperon 等人首先使用 HI 作为添加剂制备 CsPbI$_3$ 薄膜,HI 的添加有效减小了 CsPbI$_3$ 的晶粒尺寸,从而将原本约 310°C 的相变温度降低至 100°C[132]。Xiang 等人[133] 和 Wang 等人[134] 使用类似的方法以 HI 和 PbI$_2$ 合成的 HPbI$_3$ 为前驱体,得到了稳定性大幅提升的 CsPbI$_3$ 器件,不过该方法制备的薄膜中仍残留有 HPbI$_3$,这可能与材料的稳定性相关,并且 150℃下加热薄膜 10 h 仍然会引发薄膜的完全相变。Wang 等人发展的溶剂控制生长法将悬涂薄膜在室温放置 10 min 后再退火处理,得到了可认证且光稳定的 CsPbI$_3$ 太阳能电池[132]。有趣的是,放置过程中 CsPbI$_3$ 薄膜已发生轻微的变色,表明溶剂 DMSO 配位下的缓慢生长有利于钙钛矿相 CsPbI$_3$ 的形成,这也是目前报道的唯一可能与热力学控制生长相关的实验证据。不过该方法仍需 350℃的高温退火,因为薄膜加热至 150℃后已完全相变至黄色,所以器件性能的提升可能与钙钛矿薄膜本身的高结晶质量和致密度有关。

非纯相 CsPbI$_3$ 薄膜一般借助离子掺杂调控结构容忍度,如 A 位掺杂较大的有机组分甲脒 FA$^{+[135]}$、乙二胺 EDA$^{2+[117]}$ 等,B 位掺杂较小的 Bi$^{3+[136]}$,Eu$^{2+[137]}$,Ca$^{2+[138]}$,Mn$^{2+[139]}$ 等。有机组分的掺杂无法从根本上解决热稳定性问题,上文已经阐述;B 位掺杂虽然能调节 CsPbI$_3$ 的结构稳定性,但 Pb^{2+} 的 6s 和 6p 轨道主要构建了卤素钙钛矿的导带价带结构,B 位杂质离子的引入势必会对材料光电性质产生影响[140]。

因此,如何从热力学角度思考并制备亚稳态的钙钛矿相 CsPbI$_3$ 是理解和解决其相态稳定性问题的根本途径。

1.4.2 新型全无机卤素钙钛矿材料

由于涉及新结构的阐述,在本节内容展开前,首先对广义的卤素钙钛矿做结构限定。卤素钙钛矿优异的光电性质来自于 Pb 的 6s 和 6p 轨道与 I 的 5p 轨道的有效重叠耦合,因此共点连接的铅碘八面体结构是卤素钙钛矿结构的核心。如果结构中不存在八面体共点连接的形式(如 δ-CsPbI$_3$),则不属于卤素钙钛矿范畴。

为了直观反映卤素钙钛矿材料的光电性质,Xiao 等人首先引入电子维度的概念来描述体系的带边原子轨道(电子密度)连续性[141]。对于 B 位为单一离子的卤素钙钛矿,其电子维度主要由八面体的共点连接形式决定;对于 B 位为非单一离子的卤素钙钛矿,则需要进一步考虑其能带结构组成。总体来说,卤素钙钛矿材料的结构维度(八面体的三维周期连续性)与电子维度共同决定了其是否具有潜在的光电性能与应用方向。

新型全无机卤素钙钛矿材料的发展很大程度上来源于非铅体系的驱动,材料研究的思路主要来自阳离子变价,这种思路在太阳能电池材料中已有广泛的应用,如 Si(IV族)到 GaAs(III-V族)/CdTe(II-VI族),

Cu(InGa)Se$_2$ 到 Cu$_2$ZnSnSe$_2$ 等。如图 1.11 所示,可以将新材料体系大致分为双钙钛矿（double perovskite）和有序空位钙钛矿（vacancy-ordered perovskite）。表 1.3 汇总了各类结构的代表材料及相应的光电性质与电子维度特征。

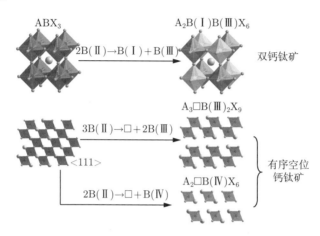

图 1.11　新型全无机卤素钙钛矿材料的阳离子变价思路

表 1.3　新型全无机卤素钙钛矿的不同类型

类型		代表材料	带隙/eV	光电性质	结构/电子维度
双钙钛矿	s^2+s^2	(MA)$_2$TlBiBr$_6$	2.16 [142]	直接带隙	3/3D
	s^0+s^2	Cs$_2$AgBiBr$_6$	2.19 [143]	间接带隙	3 / 0D
		Cs$_2$AgBiCl$_6$	2.77 [144-145]		
		Cs$_2$AgSbCl$_6$	2.6 [146]		
		Cs$_2$Tl^{I}Tl^{III}Cl$_6$	2.5 [147]		
	s^0+s^0	Cs$_2$AgInCl$_6$	3.3 [148]	直接带隙（跃迁禁阻）	3 / 0D
		Cs$_2$AgTlBr$_6$	0.95 [149]		
		Cs$_2$AgTlCl$_6$	1.96 [149]		
空位有序钙钛矿	A$_3$B$_2$X$_9$	Cs$_3$Sb$_2$I$_9$	1.89 [150]	直接带隙	2 / 1.5～0D
		Rb$_3$Sb$_2$I$_9$	2.03 [150]		
		Cs$_4$CuSb$_2$Cl$_{12}$	1.02 [151]		
	A$_2$BX$_6$	Cs$_2$SnI$_6$	1.48 [152]	直接带隙	0 / 0D（非钙钛矿）
		Cs$_2$PdBr$_6$	1.6 [153]		
		Cs$_2$TiBr$_6$	1.8 [154]		

1.4.2.1 双钙钛矿

使用异价的 B 位离子（2 B(II)⟶B(I) + B(III)）能够在满足三维结构的同时，极大地拓宽 B 位元素的选择范围。Slavney 等人首先报道了结构完全规整的立方相双钙钛矿 $Cs_2AgBiBr_6$（Fm-3m），表征了其较长的载流子复合寿命[143]，受到人们的广泛关注，并开始了实验合成和理论筛选方面的大量探索。目前从理论上看，B(I) 的可选元素主要包括过渡金属 Au，Ag，Cu，III族元素 In，Tl 和碱金属 Li，Na，K，Rb，B(III) 的选择则主要是V族元素 Bi，Sb，III族元素 Al，Ga，In，Tl，部分三价过渡金属和镧系元素[155]。但受限于材料的热力学稳定性，仅有小部分材料能够在实验上合成得到[156]。

卤素钙钛矿结构中 Pb 独特的 $6s^26p^0$ 电子构型决定了材料的光电性质，因此替换 Pb 的 B 位离子的电子构型很重要。根据双钙钛矿 B(I) 和 B(III) 的电子构型可以将目前的双钙钛矿材料分为三类：s^2+s^2，s^0+s^2 和 s^0+s^0（图 1.12）[156]。

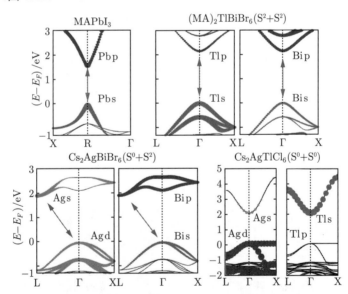

图 1.12 不同类型卤素双钙钛矿的电子结构及轨道组成

（1）s^2+s^2 型

s^2+s^2 型双钙钛矿中 B(I)（Tl^+，In^+）和 B(III)（Bi^{3+}，Sb^{3+}）具有

与 Pb^{2+} 类似的满壳层的 s^2 电子构型,因此该类结构的电子结构与铅基卤素钙钛矿很相似[142,157-158]。Zhao 等人通过理论计算(综合考虑了热力学形成能、带隙、载流子有效质量和激子结合能)筛选出 $Cs_2InBiCl_6$ 和 $Cs_2InSbCl_6$ 可能具有和 $MAPbI_3$ 类似的光电性质且带隙在 1 eV 左右[159]。不过目前实验上唯一能够合成的该类双钙钛矿只有有机-无机杂化的 $(MA)_2TlBiBr_6$[157],该材料的导带与价带由 Tl 和 Bi 原子相同类型的轨道较均衡地组成,因此带边原子轨道三维连续。但是,除了有机组分自身的热不稳定性以外,Tl 的毒性比 Pb 要强的多,很难被实际应用。当 $B(I)=Tl^+$ 时,由于 In 的 5s 轨道能量高,Cs_2InMX_6 (M=Bi, Sb) 类双钙钛矿的导带顶(CBM)位置过高导致材料热力学不稳定,In^+ 与 Bi^{3+} 自身的氧化还原也阻碍了 In^+ 的形成[157-158,160]。

(2) s^0+s^2 型

以 $Cs_2AgBiBr_6$ 为代表的大部分卤素双钙钛矿属于此类型($B(I)=Na^+$,K^+,Rb^+ 或 Cu^+,Ag^+,$B(III)=Bi^{3+}$,Sb^{3+})。当 B(I) 为碱金属离子时,由于对带边构成没有贡献,带隙均由被孤立的 $[B(III)X_6]$ 八面体构成,因此具有过宽的带隙和很大的载流子有效质量,不适合光电应用[156]。当 B(I) 为 Cu^+ 或 Ag^+ 时,由于 d^{10} 电子轨道能量高,能够有效提高价带顶能量,从而减小带隙,成为人们关注的重点。但是该类双钙钛矿为间接带隙半导体,并且构成导带和价带的主要原子轨道也不连续,比如 $Cs_2AgBiBr_6$ 的 CBM 和 VBM 分别由 Bi 的 6p 轨道和 Ag 的 4d、Br 的 4p 反键轨道构成,导致电子密度在 $[AgI_6]$ 和 $[BiI_6]$ 是不连续的[158,161]。不过 Pan 等人利用 $Cs_2AgBiBr_6$ 单晶制备了具有低检测限的 X 射线探测器[162],证明其可能在辐射探测和成像领域具有潜在的应用价值。相同的间接带隙特征也发生在自歧化价态的双钙钛矿,如 $Cs_2Tl(I)Tl(III)Cl_6$[147]。另外,Cu^+ 因为更倾向于形成四配位的 $[CuX_4]$ 四面体而无法维持钙钛矿结构的热力学稳定性,因此并没有实验报道合成[163]。

(3) s^0+s^0 型

该类双钙钛矿结构仅在 $B(I)=Cu^+$,Ag^+ 和 $B(III)=In^{3+}$,Tl^{3+} 时带隙不太大,典型的已合成结构包括 $Cs_2AgInCl_6$[148] 和 Cs_2AgTlX_6 (X=Cl, Br)[149]。虽然该类双钙钛矿具有直接带隙,但理论计算和实验结果都表明由于对称性原因,其 CBM 到 VBM 的跃迁部分禁阻,因此几乎检测不到带边的荧光发射[149,164-165]。另外，该类结构的价带组成基本分布在 Ag 的 4d 轨道和卤素的 p 轨道，电子维度不连续，且带边变得平缓，空穴有效质量过大，不适合光伏应用[164]。最近 Luo 等人在 $Cs_2AgInCl_6$ 中掺杂 Na^+ 和痕量 Bi^{3+}，利用其自限域激子发光特性得到了较好的白光发光性质[166]，证明该类材料可能在发光领域有应用潜力。

总结来看，高电子维度的 s^2+s^2 型双钙钛矿由于 Tl^+ 的剧毒性和 In^+ 结构的热力学不稳定性而无法应用或制备，0 电子维度的 s^0+s^2 型和 s^0+s^0 型双钙钛矿分别存在间接带隙和跃迁禁阻的不足，材料自身的光电性质并不理想。

1.4.2.2 有序空位钙钛矿

有序空位钙钛矿的形成广义上也可以来自阳离子变价。由于空位的存在对材料的带边结构没有贡献，因此在结构维度降低的同时电子维度也相应降低。从空位形成方式可以将有序空位卤素钙钛矿分为 B(III) 构成的 $A_3B_2X_9$ 类型和 B(IV) 构成的 A_2BX_6 类型（图 1.13）。

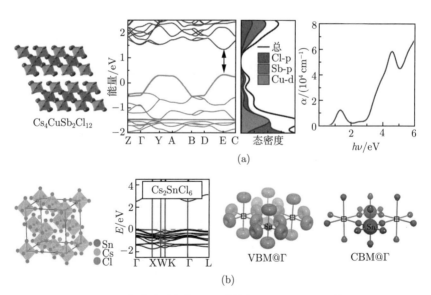

图 1.13　有序空位钙钛矿的结构与性质（见文前彩图）
(a) $A_3B_2X_9$ 类有序空位钙钛矿 $Cs_4CuSb_2Cl_{12}$ 的能带结构、态密度和吸光系数[151,167]；
(b) A_2BX_6 类有序空位钙钛矿 Cs_2SnCl_6 的能带结构和导带价带电子密度分布[156]

（1）$A_3B_2X_9$ 类型

沿卤素钙钛矿的 $\langle 111 \rangle$ 方向隔两层除去一层 B 位离子即形成了层状卤素钙钛矿 $A_3B_2X_9$。为了满足价态平衡，B 位必须为 +3 价离子（3 B(II) $\longrightarrow \square$ + 2 B(III)），一般为 Bi^{3+} 或 Sb^{3+}，A 位为 Cs^+ 或 Rb^+。除了 $Cs_3Bi_2I_9$（共面二聚八面体单元构成的零维钙钛矿），其他组成一般都采取该结构。虽然 $A_3B_2X_9$ 类化合物在周期性上为层状二维结构，但其八面体的卤素离子中仅有 3 个保持共点形式，所以电子维度仅为 1.5（三维卤素钙钛矿八面体的 6 个卤素离子完全共点连接：6/2=3 D，D 表示维度），电荷传输并不理想。另外，McCall 等人的系统研究表明该类材料激子结合能大（>300 meV）、电阻率高（>10^{10} $\Omega \cdot cm$）、电声耦合强（黄昆因子 S >50），发光来自于自限域激子[150]，因此并不适合光伏应用。Vargas 等人在 $Cs_3Sb_2Cl_9$ 层间引入 Cu^{2+}，合成了多层的 $Cs_4CuSb_2Cl_{12}$[151]，虽然带隙被显著降低到 1.02 eV（$Cs_3Sb_2Cl_9$ 约为 3 eV），但该材料局域的导带带边由未配对的 Cu 3d-Cl 3p 反键轨道独立构成，具有和 $Cs_2AgBiBr_6$ 类似的电子密度不连续问题，局域的导带结构也导致极弱的光吸收和较大的有效电子质量[167]，很难产生光电应用。

（2）A_2BX_6 类型

沿卤素钙钛矿的 $\langle 111 \rangle$ 方向隔一层除去一层 B 位离子即形成了具有孤立八面体结构的 A_2BX_6，B 位为 +4 价离子（2 B(II) $\longrightarrow \square$ + B(IV)）。严格来讲，该结构没有八面体共点连接的形式，并不属于卤素钙钛矿体系，但是该结构一般带隙较小且为直接带隙，并且具有较强的消光能力，因此也受到了人们的广泛研究，如 B=Sn^{4+}，Pd^{4+}，Ti^{4+} 等[152-154]。该类材料的有序空位完全孤立了八面体单元，量子限域效应极大地阻碍了电荷的有效传输，使其几乎完全失去电子连续性。虽然 Han 等人通过理论计算表明，相比于有机长链配体，较小的 Cs^+ 隔离下八面体发光中心仍有部分轨道耦合产生能量转移，但仍然难以解决材料激子结合能大和激子迁移易被捕获的问题[168]。因此，从低电子维度的本质来看，该类材料体系并不具备太大的光电应用潜力。

总结来看，目前能够制备的热力学本征稳定的新型全无机卤素钙钛矿都具有一个相同的问题——难以保证有效的电子维度。由于电子维度的本质决定了材料是否具有光电应用的潜力，因此维持高电子维度是探索全无机卤素钙钛矿新材料需要首先考虑的关键科学问题。

1.4.2.3 维度调控下的二维卤素钙钛矿

根据上文的论述，三维全无机卤素钙钛矿结构中 B 位非 Pb^{2+}/Sn^{2+} 的体系几乎都完全失去了带边原子轨道的连续性。因此，使用维度调控的方法牺牲部分结构维度以保持高电子维度是一个合理的材料探索合成思路。在维度调控的思路下，有机-无机杂化的二维卤素钙钛矿材料能够提供较好的结构借鉴。

二维卤素钙钛矿材料来源于传统氧钙钛矿体系中插层阳离子的 Ruddelsden-Popper（RP）相结构[169]。RP 结构具有 $A_{n+1}B_nO_{3n+1}$ ($n \geq 1$) 的化学通式，由钙钛矿型的 ABO_3 层（n 代表八面体层数）与 NaCl 型的 AO 间隔层构成，该结构在一个方向上失去了八面体共点连接的周期性而具有二维结构（图 1.14(a)）。类似地，在卤素钙钛矿体系中，使用有机长链阳离子（一般为胺类 RH_3）作为间隔阳离子也可以制备二维卤素钙钛矿 $(RH_3)_2A_{n-1}B_nX_{3n+1}(n \geq 1)$。

目前研究最广泛的二维卤素钙钛矿结构均为 RP 相，该类结构可以看作沿三维 ABX_3 的 $\langle 100 \rangle$ 方向隔层截取的二维构型[172]。图 1.14(b) 给出了 $n = 3$ 的氧钙钛矿体系$Cs_4Mn_3O_{10}$[173]与卤素钙钛矿体系$(BA)_2(MA)_2Pb_3I_{10}$（BA= 正丁胺阳离子 $CH_3(CH_2)_3NH_3^+$）[174] 的结构对比。$\langle 100 \rangle$ 取向的二维卤素钙钛矿也可以使用二价阳离子如 3-氨甲基哌啶（3-AMP）构成具有 Dion-Jacobson（DJ）相结构的 (3-AMP)$(MA)_2Pb_3I_{10}$[170,175]。RP 相与 DJ 相的二维卤素钙钛矿结构的区别主要是钙钛矿层的层间位移不同（RP 相一般为 [1/2,1/2] 错层堆积，DJ 相一般为 [0,0] 规整堆积）[171]。由于有机-无机杂化体系的化学丰富性，使用某些有机间隔阳离子还能够产生沿 $\langle 110 \rangle$ 方向隔层截取的折叠状二维构型[176-177]，但该构型尚无多层结构的报道。沿 $\langle 111 \rangle$ 方向截取则产生了上文所述的 $A_3B_2X_9$ 型层状钙钛矿。

RP 相二维卤素钙钛矿材料的研究很早就受到人们的关注，如 Mitzi 等人在 20 世纪 90 年代就在 Sn 基二维卤素钙钛矿体系的半导体性/金属性方面作出了开创性的工作，并将其应用于场效应晶体管[178-179]。由于具有自组装的有机-无机层，二维卤素钙钛矿能够形成天然的多量子阱结构，类似于人工构建的III-V族半导体异质结，能够对激子形成有效束缚，因此在发光领域很早就受到人们的关注[180-181]。

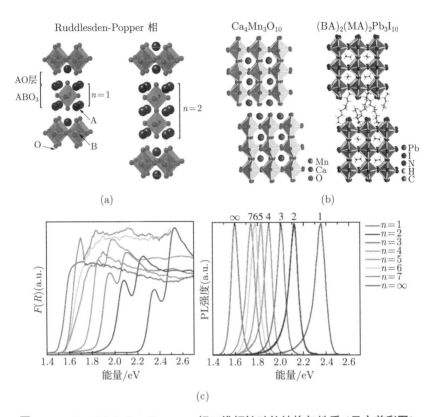

图 1.14 Ruddelsden-Popper 相二维钙钛矿的结构与性质（见文前彩图）

(a) Ruddelsden-Popper 相结构示意图；(b) 二维 RP 相氧钙钛矿 $Cs_4Mn_3O_{10}$ 与卤素钙钛矿 $(BA)_2(MA)_2Pb_3I_{10}$ 的结构对比[170]；(c) BA 体系二维卤素钙钛矿 $(RH_3)_2(MA)_{n-1}Pb_nI_{3n+1}$ ($n=1\sim 7$, $n=\infty$ 代表三维 $MAPbI_3$) 的漫散射吸收与 PL 发光光谱[171]

Karunadasa 课题组[182] 和 Kanatzidis 课题组[183] 分别使用苯乙胺（PEA）和正丁胺阳离子作为间隔离子将多层二维卤素钙钛矿材料体系引入 PSC 应用，这两类结构也成为目前二维 PSC 使用最广泛的材料体系。目前能够合成并解析晶体结构的八面体层数最大值为 $n=7$（BA 体系）[184]，已经基本接近热力学稳定的极限[185]，高层数的二维卤素钙钛矿会倾向于分解为稳定的二维少层结构和三维结构，如式 (1-8) 所示[174]。

$$(RH_3)_2(MA)_{n-1}Pb_nI_{3n-1} \longrightarrow (RH_3)_2(MA)_2Pb_3I_{10} + (n-3)MAPbI_3$$

(1-8)

虽然结构维度为二维（也有部分文献将多层的二维卤素钙钛矿材料称为准二维），但由于层内八面体的三维共点连接性，电子维度能够有效提升（$n=1$ 时共点连接数为 4:2D；$n=2$ 时共点连接数为 5:2.5D；$n=3$ 时平均共点连接数为 5.33:2.67D；$n=4$ 时平均共点连接数为 5.5:2.75D；……）。电子维度的提升带来了明显的带隙降低和发光蓝移特征（图 1.14(c)），随着层数的增加，材料带隙从 2.43 eV（$n=1$）降低到 1.74 eV（$n=7$），接近三维结构 MAPbI$_3$（$n=\infty$）的 1.52 eV。借助化学手段调控材料光电性质，并在薄膜中构筑垂直基底的二维钙钛矿层来控制载流子传输方向，人们已经能够使用 $n=4$ 的 (BA)$_2$(MA)$_3$Pb$_4$I$_{13}$ 材料制备光电转化效率为 12.52% 的太阳能电池[189]。利用二维卤素钙钛矿的多级量子阱结构制备发光层也实现了高达 11% 外量子效率的发光二极管器件[195]。图 1.15 总结了不同电子维度的卤素 PSC 器件效率，可以明显看出电子维度在很大程度上影响材料的光电性质与应用潜力，因此二维卤素钙钛矿结构将是三维结构之外最有优势的材料体系。

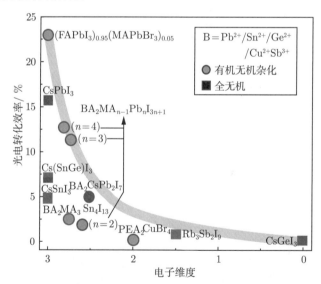

图 1.15 受材料电子维度影响的全无机 PSC 效率（有机–无机杂化二维卤素钙钛矿材料的效率也标注在图中作为参考）[116, 186–194]

1.4.2.4 探索全无机二维卤素钙钛矿

虽然有机长链胺的引入能够基于烷基链疏水作用提高材料的水氧稳定

性[182],并基于其难挥发性在一定程度上提高材料的热稳定性[189],但有机 A 位离子仍然限制着材料的本征稳定性[98,196]。因此,从维度调控的思路出发探索全无机二维卤素钙钛矿新材料,将能够同时兼顾热稳定性与高电子维度的需求(图 1.16)。

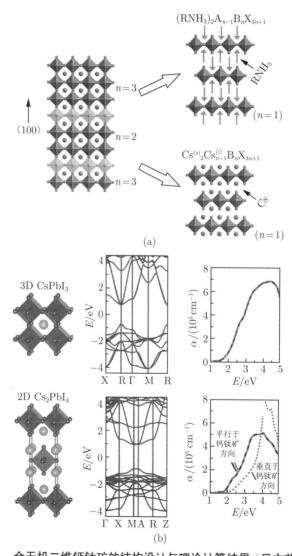

图 1.16　全无机二维钙钛矿的结构设计与理论计算结果(见文前彩图)
(a) 全无机二维卤素钙钛矿材料示意图($Cs^{(s)}$:层间间隔位;$Cs^{(i)}$:层内间隙位);(b) 理论计算对比 3D $CsPbI_3$ 与 2D Cs_2PbI_4 能带结构及吸光系数[141]

对于全无机二维卤素钙钛矿材料的探索，有两个方面需要考虑：

(1) B 位离子优先考虑单一 Pb^{2+} 或 Sn^{2+}。Pb 和 Sn 的 ns^2np^0 电子构型十分重要，目前报道的非 Pb、Sn 二维结构体系的光电性质都较差。Cortecchia 等人[197]和 Li 等人[192]在 Cu 基杂化卤素钙钛矿 $MA_2CuCl_xBr_{4-x}$ 和 $(C_6H_5CH_2NH_3)_2CuBr_4$ 的太阳能电池中都仅得到约 0.2% 的效率，Cu 的 3d 轨道具有局域的带边结构和较弱的吸收跃迁，并不适合光电应用。Connor 等人使用 BA 离子对 $Cs_2AgBiBr_6$ 材料进行二维调控，发现 $n=1$ 的单层 $(BA)_4AgBiBr_8$ 会由原本的间接带隙变为直接带隙[198]，该研究虽然拓展了 s^0+s^2 型双钙钛矿的能带结构调控思路，但并没有从根本上解决带边原子轨道不连续（电子维度为 0）的问题。因此，连续的二维铅卤八面体是探索合成的首选结构。

(2) 层数上优先考虑 $n=1$ 的单层结构。二维卤素钙钛矿的热力学稳定性随层数的增加而迅速下降[185]，多层结构极可能在热力学上无法形成。与有机-无机杂化体系的化学丰富性不同，全无机体系的 Cs^+ 对于卤素钙钛矿骨架结构而言仍稍小，热力学上可能更难以形成。因此，需要优先考虑单层结构 Cs_2PbX_4 (X=Cl, Br, I)，再进一步探索高层数材料。

在理论计算方面，Grote 等人[199]和 Xiao 等人[141]都认为二维结构的 Cs_2PbI_4 ($n=1$) 能够兼顾 1.5~1.9 eV 的直接带隙和较高的吸光系数，但该类结构尚无实验合成的报道。因此，作为新型全无机二维卤素钙钛矿理性设计的首选方案，Cs_2PbX_4 (X=Cl, Br, I) 体系合成的探索与光电性质研究将具有开创性的意义。

1.5 研究思路及主要内容

针对有机-无机杂化卤素钙钛矿的本征热不稳定问题，本书选择全无机卤素钙钛矿作为研究体系，试图从理解已知材料和探索新材料两条途径进行材料合成和光电性质的研究，为制备满足热稳定性需求的全无机卤素钙钛矿材料与器件提供全新的实验证据和研究思路。更重要的是，有机-无机杂化卤素钙钛矿的不稳定性在发光、催化、响应性探测等新兴应用领域普遍存在，因此新型全无机卤素钙钛矿材料的制备与光电性质的研究具有广泛深远的意义。

本书的研究思路与主要内容如下：

（1）理解全无机组分在解决器件热稳定性问题上的重要性。在本书的研究之前，关于 PSC 器件热稳定性机理的研究还很少，尤其在倒置结构器件方面还没有相应的报道。第 3 章将基于倒置结构 PSC 研究器件的高温衰降机制，并为提升器件热稳定性提供基本原理指导，借此深入理解有机-无机杂化卤素钙钛矿材料的热分解过程如何在器件内部发生并导致器件失效，为理解全无机组分在器件热稳定性问题中的重要性和之后全无机卤素钙钛矿材料制备的研究提供理论依据。

（2）探究已知全无机卤素钙钛矿体系中关键材料的稳定性问题。目前已知的全无机卤素钙钛矿材料体系中最具光伏应用潜力的关键材料是 $CsPbI_3$，但相稳定性问题，尤其是高温下的相稳定性极大地限制了其在光电领域的发展。本书第 4 章将从热力学控制的角度利用无机框架 Cs_4PbI_6 降低钙钛矿相 $\gamma\text{-}CsPbI_3$ 的形成势垒，同时提高非钙钛矿相 $\delta\text{-}CsPbI_3$ 的相变势垒，制备室温自发生长的 $\gamma\text{-}CsPbI_3@Cs_4PbI_6$ 结构并系统表征其光学性质，讨论 $\gamma\text{-}CsPbI_3$ 的自发生长机理并探究材料的稳定性。

（3）探索合成稳定的新型全无机卤素钙钛矿材料体系。目前的新型全无机卤素钙钛矿材料体系均难以保证有效的高电子维度，在光电领域的应用受限。本书第 5 章将借助维度调控的思想，理性探索全无机二维卤素钙钛矿 Cs_2PbX_4 (X=Cl, Br, I) 体系，利用固相合成的方法制备体系的本征热力学稳定结构，表征光电性质并探究应用潜力。在拓展材料体系的同时深入理解二维卤素钙钛矿结构，最后评估新材料体系的稳定性。

第 2 章 实 验 方 法

2.1 实 验 试 剂

本书的研究使用的所有试剂均于购买后直接使用，主要包括：

（1）制备太阳能电池使用的 FTO 导电玻璃基底（营口奥匹维特新能源科技有限公司，型号 OPVFTO22-7）、锌粉（97.5%，Alfa Aesar）、盐酸（36%~37%，国药集团化学试剂）、四水乙酸镍（98%，Sigma-Aldrich）、一水乙酸铜（99%，Sigma-Aldrich）、乙醇胺（99.5%，Sigma-Aldrich）、PbI_2（99.9985%，Alfa Aesar）、CH_3NH_3I（Dysol 公司或西安莱特光电科技有限公司）、$PC_{61}BM$（99.5%，台湾阪和机光科技股份有限公司）、BCP（99%，西安宝莱特光电科技有限公司）、无水乙醇（分析纯，国药集团化学试剂）、γ-丁内酯（99%，Sigma-Aldrich）、二甲基亚砜（99.9%，超干，Sigma-Aldrich）、氯苯（99.8%，超干，Sigma-Aldrich）；

（2）气相扩散法制备 $CsPbI_3/Cs_4PbI_6$ 使用的 PbI_2（99.9985%，Alfa Aesar）、CsI（99.9%，Sigma-Aldrich）、二甲基亚砜（99.9%，超干，Sigma-Aldrich）、二氯甲烷（99.5%，ACS/HPLC，安耐吉）、三氯甲烷（99.5%，ACS/HPLC，安耐吉）、正己烷（99.5%，ACS/HPLC，安耐吉）；

（3）固相合成探索 Cs_2PbX_4 (X=Cl, Br, I) 体系使用的 $PbCl_2$（99.999%，Sigma-Aldrich）、$PbBr_2$（99.99%，Sigma-Aldrich）、PbI_2（99.999%，Sigma-Aldrich）、CsCl（99.999%，Sigma-Aldrich）、CsBr（99.9%，Sigma-Aldrich）、CsI（99.999%，Sigma-Aldrich）及材料体系拓展使用的 $SnCl_2$（99.99%，Sigma-Aldrich）、SnI_2（99.99%，Sigma-Aldrich）、RbI（99.999%，Sigma-Aldrich）、RbCl（99.9%，Sigma-Aldrich）。

2.2 太阳能电池制备

（1）使用锌粉盐酸刻蚀 FTO 基底（2.5 cm×2.5 cm），保留 1.2 cm 工作区域宽度。冲洗干净后依次使用去离子水、乙醇、丙酮、异丙醇超声处理 15 min，在烘箱烘干备用。

（2）NiO 基底制备：在 25 mg/mL 四水乙酸镍的乙醇溶液中加入 6 μL 乙醇胺和 5% 的一水乙酸铜配制前驱体溶液，50℃搅拌 1 h 后冷却过滤。空气中 3000 r/min 转速下悬涂 30 s 后，400℃退火 30 min，转移至干燥空气手套箱备用。

（3）MAPbI$_3$ 钙钛矿层制备：PbI$_2$ 和 MAI 在 γ-丁内酯（GBL）/DMSO（体积比为 7:3）混合溶剂中溶解（1 mol/L），70℃搅拌过夜并冷却过滤。在干燥空气或 N$_2$ 手套箱中悬涂钙钛矿薄膜均可，制备前 NiO 基底需要紫外臭氧处理 20 min。在两段转速（1000 r/min、10 s，4000 r/min、30 s）下悬涂 80 μL 前驱体溶液，第二阶段后 15 s 使用 500 μL 氯苯作为反溶剂快速处理得到浅棕色薄膜，然后 100℃退火 10 min。

（4）PCBM 层制备：配制 15 mg/mL 的 PCBM 氯苯溶液后过滤待用。在钙钛矿层后采用 1500 r/min 转速悬涂 30 s。制备 2,9-二甲基-4,7-二苯基-1, 10-菲咯啉（BCP）层的方法为使用 BCP 的饱和异丙醇溶液在 PCBM 层后采用 2000 r/min 转速悬涂 30 s。

（5）Ag 电极层：在真空条件下（<10^{-4} Pa）使用掩板辅助热蒸发蒸镀 Ag 电极，前 10 nm 使用低速率（约为 0.05 nm/s），之后提升蒸镀速率至 0.1 nm/s，电极厚度为 120 nm。

2.3 材料合成

2.3.1 气相扩散法制备 γ-CsPbI$_3$ @ Cs$_4$PbI$_6$ 材料

CsI-PbI$_2$ 体系一使用 1.2 mol/L 的 CsI 溶液制备 DMSO 前驱体溶液，PbI$_2$ 浓度根据所需比例配置，如 Cs4I 为 0.3 mol/L 的 PbI$_2$ 溶液。室温搅拌溶解后，将 0.5 mL 溶液溶解过滤至干净小瓶，使用封口膜密闭并用针头扎几个小孔以保证不良溶剂的气相扩散，然后将小瓶放入盛有 3 mL 三氯甲烷的大瓶中，密闭放置。约 12 h 后小瓶底部出现部分淡黄色晶体，捞出并用滤纸擦干，也可使用正己烷清洗，在空气中放置一周变色。大批量制备可更换更大体积的容器操作。

Cs4Br 前驱体溶液为 0.28 mol/L 的 CsBr 溶液，Cs4Cl 为 0.08 mol/L 的 CsCl 溶液，受溶解度限制，需要在约 40℃下搅拌过夜并过滤使用，其他制备条件相同。

2.3.2　固相合成法制备 $Cs_2PbI_2Cl_2$ 和 $Cs_2SnI_2Cl_2$ 材料

$Cs_2PbI_2Cl_2$：将化学计量比的 CsI（519.6 mg, 2 mmol）和 $PbCl_2$（278.1 mg, 1 mmol）或 CsCl（336.8 mg, 2 mmol）和 PbI_2（461.0 mg, 1 mmol）在 N_2 手套箱中装入 9 mm 内径的 Pyrex 石英玻璃管（约 15 cm），然后抽真空至 10^{-3} mbar 并在液氮保护下使用乙炔混合气焰封管。封管后转移至管式炉，80℃/h 的升温速率加热至 500℃后保持 24 h，然后 24 h 降至室温。通常情况下产物块体中含有黑色杂质。

双温区管式炉缓冷法制备 $Cs_2PbI_2Cl_2$ 单晶：先在 1.5 mm 石英管中熔融 CsCl（3.368 g）和 PbI_2（4.610 g），然后将高温和低温温区分别设置为 500℃和 350℃，样品下降前在高温温区保持 24 h，然后以 0.7 mm/h 的速度缓慢下降，生长过程需要约一周时间，然后 24 h 冷却至室温。层状结构的 $Cs_2PbI_2Cl_2$ 晶体极易受到热应力开裂，样品取出后一般自然解离为厘米尺寸的晶体，可通过刀片机械剥离产生新鲜解离面。

$Cs_2PbI_2Cl_2$：将化学计量比的 CsI（519.6 mg, 2 mmol）和 $SnCl_2$（189.6 mg, 1 mmol）或 CsCl（336.8 mg, 2 mmol）和 SnI_2（372.5 mg, 1 mmol）在 N_2 手套箱中装入 9 mm 内径的 Pyrex 石英玻璃管（约 15 cm），然后抽真空至 10^{-3} mbar 并在液氮保护下使用乙炔混合气焰封管。封管后转移至管式炉，6 h 升温至 400℃并保持 24 h，然后 24 h 降至室温。产物一般为黑色块体，研磨后为黄色粉末。通常情况下 CsCl 和 SnI_2（物质量比为 2:1）的反应产物相纯度较高，CsI 和 $SnCl_2$（物质量比为 2:1）的反应产物中存在少量 CsI 杂质。

2.4　太阳能电池表征方法

太阳能电池器件效率通过测试标准太阳光模拟器下电流伏安曲线得到，器件单个像素点为 0.4 cm×0.4 cm，测试使用 0.09 cm² 的遮光板。模拟太阳光光源型号为 Thermo Oriel 91192-1000，模拟 AM 1.5 光强通过标准硅电池标定（Newport M-91150），电流伏安曲线通过 Keithley 2400 源表测量，扫速为 100 mV/s。

太阳能电池效率指标包括：① 开路电压（V_{OC}），电流密度为零时的电压；② 短路电流密度（short-circuit current density，J_{SC}），偏压为零时的电流密度；③ 填充因子（fill factor，FF），$FF = P_m/(V_{OC} \times J_{SC})$，即最大输出功率与 $V_{OC} \times J_{SC}$ 的比值，反映器件理想程度；④ 光电转化效率（power conversion efficiency，PCE），$PCE = P_m/P_i = (V_{OC} \times J_{SC} \times FF)/P_i$，即最大输出功率与辐照光输入功率的比值。

高温老化实验在 N_2 手套箱中进行（H_2O 和 O_2 含量低于 2×10^{-8}），老化前先进行 10 min 手套箱清洗操作。加热使用钛合金热板严格控温（±0.1℃），测试前统一在黑暗条件放置 2 h。

2.5 其他表征方法

ToF-SIMS 测试（型号 TOF-SIMS 5，ION-TOF GmbH）使用非交错模式（1 s 溅射，3 s 分析）。溅射使用 Cs^+ 液态金属离子枪的脉冲初级离子（2 keV），分析使用 Bi^+ 的脉冲初级离子（30 keV）。分析区域使用铯光栅区域居中校正，溅射速率利用 SiO_2 基底校正。

扫描电子显微镜（scanning electron microscope，SEM）图像使用场发射扫描电镜（FE-SEM，型号 JEOL JSM-7401F），SE(L) 和 SE(UL) 模式使用场发射扫描电镜（Hitachi SU-8010）。加速电压设置为 2 kV，发射电流为 10 μA。能量色散谱（energy-dispersire spectroscopy，EDS）分析使用 15 kV 加速电压，分析使用 Aztec Energy 软件。

时间分辨的荧光光谱（TRPL）测试使用 Edinburgh Instruments FLS920 型光谱仪的时间分辨单光子计数方式收集，激发光源为 EPL 515 nm 脉冲发光二极管（LED）（重复频率为 10 MHz）。激发光最大功率为 5 mW，所有样品均在相同光强下测试，发射波长为 765 nm，计数达到 10^4。相同条件下测试仪器响应函数（IRF）光谱并去卷积拟合寿命。

c-AFM 图像通过 Bruker Dimension Icon 型原子力显微镜获得，探针型号为 PF TUNA multi-75E-G，使用 Ag 胶连接钙钛矿薄膜与基底保证导电性，统一使用 4 V 偏压。

X 射线光电子能谱（X-ray photoelectron spectroscopy，XPS）测试使用 PHI 5300 ESCA PerkinElmer 光谱仪，所有光谱通过无机碳峰（284.80 eV）校正。

第 3 章和第 4 章的薄膜和粉末 X 射线衍射（X-ray diffraction，XRD）分析使用 Bruker D8 Advance 多晶 X 射线衍射仪（Cu Kα，λ = 1.5406），工作电压为 40 kV，电流为 40 mA；第 5 章使用 Rigaku Miniflex 600 X 射线衍射仪（Cu Kα+Kβ 滤片，λ = 1.5406），工作电压为 40 kV，电流为 15 mA。

TEM 图像通过 Hitachi JEM-2100F 透射电镜获得，加速电压为 200 kV，放大倍率为 800 000。快速傅里叶变换（fast Fourier transform，FFT）分析使用 STEM CELL（v2.5.4.3）软件。

第 4 章的热分析使用 TA INSTRUMENTS Q5000IR 型量热仪的 TGA-DSC 联用模式，Pt 坩埚（样品质量约为 30 mg），Ar 气保护，升温速率为 10℃/min；第 5 章使用 Shimadzu DTA-50 型量热仪的 DTA 模式，石英安瓿管焰封样品（约 30 mg），N_2 保护，α-Al_2O_3 参比，升温速率为 10℃/min。

漫反射吸收光谱使用 Hitachi U-3010 型光谱仪的积分球模式，测试范围为 200~900 nm（第 4 章），或 Shimadzu UV-3600 型紫外-可见-红外光谱仪，测试范围为 20~1500 nm，均使用 $BaSO_4$ 压片作为参比，带隙估算利用 Kubelka-Munk 方程：$F(R) = (1 - R)^2/(2R)$[200]，其中 R 为反射率（第 5 章）。

PL 发射和荧光激发（photoluminescence excitation，PLE）光谱测试使用 Hitachi F-7000 FL 荧光光度计，Cs4I，Cs4Br，Cs4Cl 的 PL 激发波长分别为 488 nm，365 nm，340 nm，PLE 发射波长分别为 707 nm，517 nm，405 nm；或 Horiba HR-800 激光共聚焦光谱仪，Cs4I，Cs4Br，Cs4Cl 的 PL 激发波长分别为 514 nm，325 nm，325 nm。Cs4I 的变温测试使用 514 nm 激光，液氮冷却系统控制温度范围为 78~302 K，每 15 K 一个温度点，平衡时间为 5 min，测量 3~5 组数据。$Cs_2PbI_2Cl_2$ 单晶的变温测试使用液氮冷却的 340 nm 激光，液氮冷却系统控制温度为 300 K，每 20 K 一个温度点。$Cs_2SnI_2Cl_2$ 粉末的 PL 测试使用 Horiba Nanolog 荧光计，激发波长为

375 nm（385 nm 长通滤光片）。

荧光量子效率（photoluminescence quantum yield，PLQY）测试使用配备积分球的 Hamamatsu Quantaurus-QY 测试系统，粉末样品，氙灯光源分光激发或激光激发，激发波长为 442 nm。

显微共聚焦荧光寿命成像系统为 Olymplus FV1200 Confocal/FLIM 型，激光器波长为 488 nm，在（700±37.5）nm 滤光范围接受荧光信号，荧光寿命计数超过 10^4。

单晶 XRD 测试通过 STOE IPDS 2 衍射仪收集（石墨单色 Mo Kα 靶，λ = 0.71073），工作电压为 50 kV，电流为 40 mA，N_2 气氛保护。强度积分和数值吸收修正使用 STOE X-AREA 程序完成，晶体解析使用 OLEX2 软件 [201]（直接法解析，F^2 全矩阵最小二乘法精修）。

紫外光响应测试使用 4.5 mm × 7.2 mm（面内）× 1.5 mm（厚度）尺寸的 $Cs_2PbI_2Cl_2$ 单晶，叉指 Au 电极蒸镀厚度为 50 nm，构成 30 μm× 2 mm 尺寸的 20 组沟道。紫外光使用发光峰在 365 nm 的 UV 光源（MUA-165，MEJIRO GENOSSEN），光强由手持辐照计校正。时间分辨的光电流曲线使用 Keithley 4200 半导体测试系统收集，使用 RIGOL (DG4162) 波形发生器控制 LED 光源（型号: T6, 400~405 nm）。

α 粒子响应性测试使用 4.6 mm × 4.9 mm（面内）× 1.6 mm（厚度）尺寸的 $Cs_2PbI_2Cl_2$ 单晶，蒸镀两组厚宽为 1.6 mm、长为 3 mm、厚度为 50 nm 的 Au 电极。使用 1 μCi ^{241}Am α 粒子源（E_k=5.49 MeV）。测试过程中 $Cs_2PbI_2Cl_2$ 单晶器件在铅屏蔽盒中与 eV-550 前置放大器相连，面外测试模式下正偏压加于单晶器件底侧。响应的瞬态信号由 ORTEC（527 A）放大器放大（增益为 100~500，成形时间为 1~10 μs），再由双 16 K 输入通道分析器（ASPEC-927）收集分析，MAESTRO-32 软件读取产生响应谱图。

2.6 理论计算方法

晶体结构优化和电子结构计算均基于密度泛函理论（density functional theory，DFT），使用投影缀加平面波（PAW）方法（VASP5.4）[202-203] 处理离子电子相互作用。在 k 网格为 4×4×2 的条件下，晶胞参数和原子位置的优化标准为每个原子受力小于 0.1 eV/nm，能量收敛标准为 10^{-5} eV，平面波截止能量为 600 eV。能带结构通过 Perdew-Burke-Emzerhof（PBE）交换相关泛函和 HSE06 杂化泛函计算[204]。全部计算过程考虑旋轨耦合（SOC）。

第3章　倒置结构钙钛矿太阳能电池的高温衰降机制研究

本书从有机–无机杂化 PSC 的热稳定性机制研究出发，探究卤素钙钛矿材料的热不稳定性在器件结构中如何发生，从而为全无机材料体系的研究提供理论基础。

在本章研究之前，已经有许多关于钙钛矿材料/薄膜与器件热稳定性的研究，但仍缺乏对材料热不稳定性与器件高温衰降之间关联的研究。并且，在基于电池器件的研究中也缺少倒置结构这一重要的器件类型。因此，本章从关联卤素钙钛矿材料热不稳定性与 PSC 高温衰降的角度出发，选择倒置结构器件作为研究体系，探索热稳定性标准测试温度（85℃）下器件的高温衰降机制，并基于此系统探讨提升器件热稳定性的基本原则。

3.1　倒置结构电池的高温衰降与器件结构组成的关系

倒置结构器件类型的选择一方面是基于该结构的器件效率与传统正向结构器件相差不大[205]，但作为重要的器件结构类型，其热稳定性问题尚无报道；另一方面是因为倒置结构普遍没有多孔膜，采用最简单的 p-i-n 薄膜器件结构，更有利于控制变量和研究关键科学问题。

本章选用的是研究中最常用的 FTO/NiO/MAPbI$_3$/PCBM/Ag 结构，结构和器件截面扫描电子显微镜（SEM）图如图 3.1 所示，该结构器件的初始效率为 15.2%。在 N$_2$ 氛围中 85℃下加热老化后，器件效率迅速下降，24 h 后 PCE 衰降至 8.4%（图 3.2）。考虑到通常 MAPbI$_3$ 薄膜的制备需要经历 100℃的高温退火过程，但是对器件整体加热会很快致使其失效，可以推测高温衰降很可能与钙钛矿层后制备的 PCBM 电子传输层或 Ag 电极有直接关系。

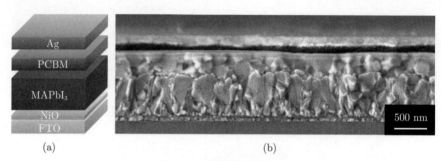

图 3.1　倒置结构 PSC

(a) 倒置结构 PSC；(b) 器件截面 SEM 图像

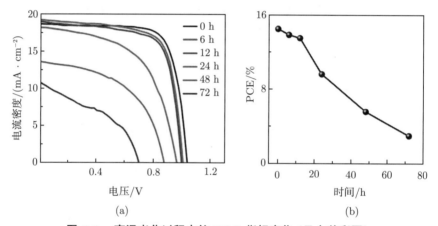

图 3.2　高温老化过程中的 PSC 指标变化（见文前彩图）

(a) 高温老化过程 J-V 曲线；(b) 高温老化过程效率变化（老化条件：N_2 氛围，黑暗，85°C）

在 N_2 氛围、85°C、加热 24 h 的老化条件下，对比 PCBM 层和 Ag 电极层的影响。从图 3.3 可以看出，若先老化无 Ag 电极的 FTO/NiO/MAPbI$_3$/PCBM 结构，再蒸镀 Ag 电极测试，得到的效率指标与空白器件差别不大（Δ-Ag）；但对该结构（蒸镀 Ag 电极后）再次加热老化（Δ-Ag-Δ），其衰降水平与直接老化整体器件（Ag-Δ）基本一致，具体电池参数见表 3.1。这一结果表明，在加热老化过程中引入 PCBM 层基本无影响，但是只要存在 Ag 电极结构，加热老化后器件效率就会发生明显衰降，即器件的高温衰降过程与 Ag 电极的使用直接相关。

第 3 章 倒置结构钙钛矿太阳能电池的高温衰降机制研究

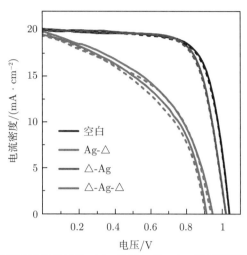

图 3.3 不同基底高温老化对比（△ 代表加热，Ag 代表蒸镀 Ag 电极，实线和虚线分别代表反扫和正扫方向）（见文前彩图）

表 3.1 倒置结构器件老化电池参数统计

参数	V_{OC}/V	$J_{SC}/(mA \cdot cm^{-2})$	FF	PCE/%
空白	1.03±0.01	20.0±0.2	0.70±0.02	14.5±0.4
Ag-△	0.93±0.01	19.6± 0.5	0.46±0.02	8.4±0.3
△-Ag	1.01±0.01	20.0± 0.2	0.69±0.02	14.1±0.5
△-Ag-△	0.89±0.03	19.6± 0.2	0.43±0.02	7.8±0.3

在倒置结构 PSC 的研究中，2,9-二甲基-4,7-二苯基-1,10-菲咯啉（BCP）经常被用作空穴阻挡材料来制备结构为 FTO/NiO/MAPbI$_3$/PCBM/BCP/Ag 的器件以提高效率。作为对比，本节也增加 BCP 层制备了器件效率为 16.4% 的空白器件。如图 3.4 所示，在相同的老化条件（N$_2$ 氛围、85℃、加热 24 h）后，器件效率下降至 10.8%，下降幅度与无 BCP 结构器件类似，器件参数统计见表 3.2。稍有不同的是，有 BCP 层的器件老化后回滞明显变大（图 3.5），表明 BCP 层也对器件的热稳定性有一定影响，但主要表现在伏安曲线回滞方面，这可能和 BCP 高温下易结晶影响电荷提取有直接关系。为简化体系模型，着重探究 Ag 电极作为主要因素引起倒置结构太阳能电池高温衰降的机制，本章将以无 BCP 层的 FTO/NiO/MAPbI$_3$/PCBM/Ag 结构作为研究体系。

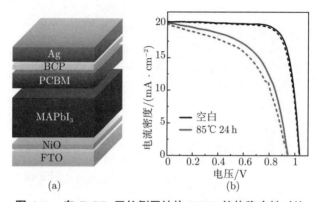

图 3.4　有 BCP 层的倒置结构 PSC 的热稳定性对比
(a) 有 BCP 层的倒置结构示意图；(b) 高温老化 J-V 曲线对比
（实线和虚线分别代表反扫和正扫方向）

表 3.2　有 BCP 层结构器件老化电池参数统计

参数	V_{OC}/V	J_{SC}/(mA·cm^{-2})	FF	PCE/%
空白	1.04 ± 0.01	20.4 ± 0.1	0.76 ± 0.01	16 ± 0.3
高温老化	0.95 ± 0.01	19.9 ± 0.5	0.53 ± 0.03	9.9 ± 0.7

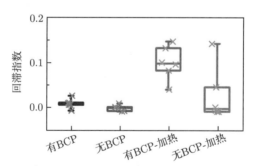

图 3.5　有无 BCP 层器件加热老化后回滞指数分布图
（回滞指数 =(PCE$_{FS}$-PCE$_{RS}$)/PCE$_{ave}$）

3.2　高温老化过程中离子扩散和界面反应的研究

热不稳定的钙钛矿层是器件高温衰降的根本原因，因此需要首先对比加热老化后不同结构中钙钛矿层的物相变化。

简便起见，本章用 M 代表 MAPbI$_3$ 基底，MP 代表 MAPbI$_3$/PCBM 基底，MPA 代表 MAPbI$_3$/PCBM/Ag 基底。为了暴露加热老化后的 MAPbI$_3$

层，Ag 电极采用 3M 胶带剥离，PCBM 层通过在氯苯中浸泡 30 s 除去，SEM 结果表明该过程对 MAPbI$_3$ 层无破坏。从图 3.6 可以看出，除了无任何覆盖的 MAPbI$_3$ 在 85℃加热 24 h 后少量分解产生可观测的 PbI$_2$ 产物外，其他基底并无明显的相分解发生。这表明在 N$_2$ 氛围、85℃、加热 24 h 的老化条件下虽然器件效率明显下降，但钙钛矿层并未发生宏观意义上的分解。这一点也体现在高温老化首先影响的是器件的 V_{OC} 和 FF，和钙钛矿吸光能力直接相关的 J_{SC} 所受的影响较小（图 3.3）。

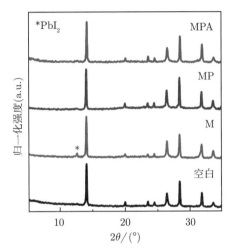

图 3.6　不同基底老化（85℃，24 h）后 MAPbI$_3$ 薄膜的 XRD 分析

3.2.1　高温下的离子扩散

为了提高探测灵敏度，本节使用飞行时间二次离子质谱（time-of-flight secondary ion mass spectrometry，ToF-SIMS）对高温老化前后的器件做元素深度分析。如图 3.7 所示，根据离子强度的变化标注出对应的器件结构，其中 Ag$^-$，Ni$^-$ 和 Sn$^-$ 可以直接反映 Ag 电极、NiO 层和 FTO（SnO$_2$:F）层，O$^-$ 在 PCBM 层和 FTO 层中均存在，I$^-$ 和 I$_2^-$ 对应 MAPbI$_3$ 中的 I 离子，PbI$^-$ 对应 MAPbI$_3$ 中的铅碘框架并反映 Pb 元素的分布，由于体系中没有其他组分含有 N 元素，CN$^-$ 可以直接对应 MAPbI$_3$ 中的 MA$^+$ 离子。

需要说明的是，由于不同材料在离子束溅射下的刻蚀速率不同，因此并不能简单地用溅射时间直接对应各层层厚。从图 3.7 可以清晰地看到，除了 I$^-$，I$_2^-$ 和 CN$^-$，其他离子分布几乎没有变化。I$^-$，I$_2^-$ 和 CN$^-$ 在

Ag/PCBM 界面的聚集表明,在加热老化的过程中,MAPbI$_3$ 分解产生的 I$^-$ 和 MA$^+$ 逐渐扩散穿过 PCBM 层并在 Ag 电极内表面富集。当老化温度进一步提高至 100℃时,分解扩散的离子数量进一步提高,I$^-$ 甚至部分进入 Ag 电极中,表明可能存在界面反应促进 I$^-$ 的固相扩散。

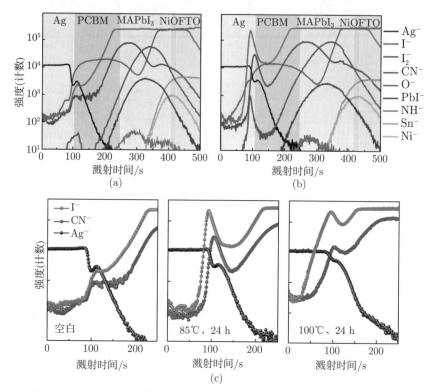

图 3.7 ToF-SIMS 深度分析表征器件内部的离子扩散(见文前彩图)
(a) 空白器件的 ToF-SIMS 深度分析;(b) 85℃、24 h 高温老化后器件的 ToF-SIMS 深度分析;(c) 不同条件下 I$^-$,CN$^-$ 和 Ag$^-$ 的分布

第 1 章提到,MAPbI$_3$ 有两类分解途径:受热力学驱动但动力学受阻,在高温(>300℃)和低分解速率下产生 PbI$_2$、NH$_3$ 和 CH$_3$I[74];在较低温度范围(<240℃)内,主要分解产生 PbI$_2$、CH$_3$NH$_2$ 和 HI[73,75]。图 3.7 的 ToF-SIMS 分析也检测到了和 NH$_3$ 对应的 NH$^-$,发现其含量在老化前后都很低且变化不大。这说明在 85℃下,器件结构中 MAPbI$_3$ 薄膜的分解过程主要以 PbI$_2$、CH$_3$NH$_2$ 和 HI 为分解产物,与热分析的研究结果一致。

Domanski 等人报道了 70℃、15 h 的老化条件下传统正向结构器件中

Au 元素的扩散[60]，但在倒置结构 PSC 中，并没有观测到明显的 Ag 扩散现象。能量色散谱（EDS）分析表明，即使是 100℃老化 72 h 后，器件的 $MAPbI_3$ 薄膜中 Ag 元素质量分数也仅为（0.41±0.34）%，基本低于检测限。在灵敏度更高，尤其是极表面探测能力更强的 X 射线光电子能谱（XPS）表征下，100℃、72 h 老化条件下的 $MAPbI_3$ 薄膜中 Ag 元素含量（Ag/I 原子比）仅为 0.33%，与 ToF-SIMS 结果中 Ag^- 的少量拖尾变化一致。但这一数值相比强度提升两个数量级的界面 I^- 和 MA^+ 而言几乎可以忽略，并且极有可能是由器件老化过程中 $MAPbI_3$ 薄膜的形貌变化带来的。但是如第 1 章所述，长时间的高温老化会引起低扩散势垒的金属迁移，如 Wu 等人在最近的报道表明，倒置结构器件在 85℃加热 100 h 后能够观测到 Ag 元素部分扩散进入钙钛矿层，虽然他们在 Ag 电极前增加 Bi 金属层阻隔 Ag 的扩散，但是仍然能观测到离子的界面聚集现象[62]。

3.2.2 高温下的电极界面反应

为了探究 Ag 电极的内界面反应，本节利用 XRD 分析高温老化后剥离电极内界面的物相变化。在 85℃、24 h 的老化条件下无法观测到明显的产物，提高温度、延长时间，采用 100℃、72 h 的老化条件，得到如图 3.8 所示的结果。除了 38.3° 和 44.4° 处的 Ag 电极衍射峰外，老化后在 22° 左右出现了鼓包状的 AgI 衍射峰（PDF#78-1614）。考虑到大部分反应在浅表面发生，进一步使用掠入射 X 射线衍射（grazing incidence X-ray diffraction, GIXRD）的方法集中表征其表面物相，可以看到在 $\chi = 0.5°$ 条件下的衍射谱图中，老化后 Ag 电极的衍射峰强度明显减弱，伴随出现 AgI 的衍射宽峰。Kato 等人在正向结构器件的空气稳定性研究中表征到 AgI 的生成，并认为与 Spiro-OMeTAD 产生的孔洞有关[64]。相较而言，本节的研究孤立其他环境条件，在高温下直接观测到 I^- 和 MA^+ 的扩散及界面反应过程，表明即使不经由传输层的孔洞，离子扩散也会引发界面 AgI 的生成。

为了直观反映器件结构中的离子界面反应过程，使用 MAI 与 Ag 直接反应进行模拟验证。如图 3.9 所示，空白 MAI 粉末在 N_2 中 85℃加热 24 h 仅带来结晶取向的变化，并未检测到分解相。但是混合 MAI 和 Ag 粉后，仅仅是在 N_2 中简单地研磨，就已经使体系内生成大量的 AgI，高温加热后伴随 I_2 的挥发 AgI 进一步分解，充分证明 MAI 和 Ag 的反应过程非常迅速。图 3.10 进一步验证了 $MAPbI_3$ 薄膜与 Ag 电极的直接接触反应，可以看到，85℃加热 12 h 后，MAPbI$_3$/Ag 结构中的 MAPbI$_3$ 薄膜就已经产生了颗粒状分解产物和孔洞，升高温度至 100℃后，薄膜已经完全失去原本的晶粒形貌，并伴随大量孔洞的产生。这表明 MAPbI$_3$ 薄膜自身也会与 Ag 电极在高温下发生剧烈反应，符合观测到的离子界面富集特征，也提示器件制备中应该完全避免钙钛矿与活泼电极的直接接触。

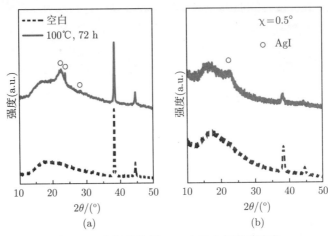

图 3.8　高温老化后 Ag 电极内侧物相变化
(a) 老化后剥离 Ag 电极内侧的 XRD 谱图；
(b) 老化后剥离 Ag 电极内侧的 GIXRD 谱图

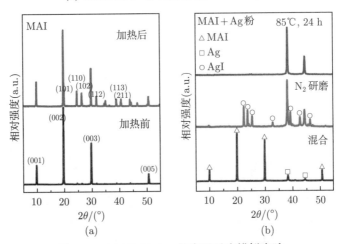

图 3.9　MAI 与 Ag 的高温反应模拟实验
(a) MAI 在 N$_2$ 中 85℃加热 24 h 前后的 PXRD 相分析；(b) MAI 和 Ag 粉混合、研磨和 85℃加热 24 h 后的 PXRD 相分析

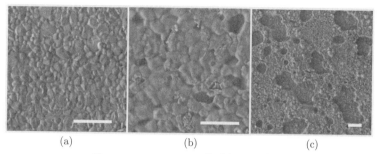

图 3.10　MAPbI$_3$ 薄膜的形貌表征

(a) 空白 MAPbI$_3$ 薄膜；(b) 与 Ag 电极直接接触并在 85℃加热 12 h；

(c) 与 Ag 电极直接接触并在 100℃加热 12 h

图中比例尺均为 1 μm

3.3　高温老化过程中 MAI 损失对 MAPbI$_3$ 薄膜的影响

伴随着加热老化过程中 I$^-$ 和 MA$^+$ 的扩散损失，钙钛矿薄膜的形貌、导电性、载流子传输能力都受到明显影响。

3.3.1　薄膜形貌

利用胶带剥离 Ag 电极和氯苯浸泡除去 PCBM 层的方法暴露老化后的 MAPbI$_3$ 薄膜，对钙钛矿薄膜形貌进行 SEM 表征。如图 3.11 所示，由于浸泡时间短（30 s）且氯苯对钙钛矿层溶解度极小，除去 PCBM 层的过程并未对钙钛矿薄膜形貌造成影响，这是薄膜形貌对比的研究基础。

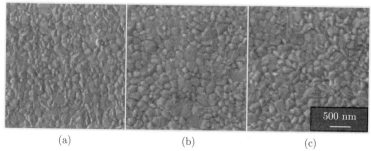

图 3.11　老化前不同基底钙钛矿 SEM 形貌对比

(a) M；(b) MP；(c) MPA

MP 和 MPA 基底均经过氯苯浸泡处理

从图 3.12 可以看出，相比 85℃和 100℃都几乎无变化的 MP 基底，有 Ag 电极覆盖后，MAPbI$_3$ 薄膜的形貌发生了巨大的变化。85℃高温老化 24 h 后，部分 MAPbI$_3$ 晶界开始变得模糊（红框），出现类似"熔融"的现象。提高温度至 100℃后，这一"熔融"现象变得更加明显，几乎全部的钙钛矿晶粒都融合变为外观上更大的晶粒，尺寸从约 200 nm 变为 500 nm 以上。这种温度提升带来的结果和延长时间是一致的（时温等效原理），在 85℃高温老化 72 h 后也观测到了和 100℃、24 h 类似的现象（图 3.13）。

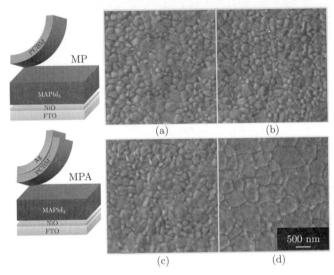

图 3.12 MAPbI$_3$ 薄膜的形貌表征（见文前彩图）

(a) 无 Ag 电极基底, 85℃老化 24 h; (b) 无 Ag 电极基底, 100℃老化 24 h; (c) 有 Ag 电极基底, 85℃老化 24 h; (d) 有 Ag 电极基底, 100℃老化 24 h

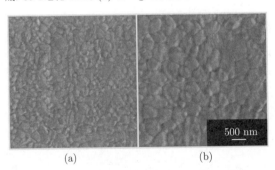

图 3.13 85℃高温老化 72 h 后 MAPbI$_3$ 薄膜的形貌变化

(a) 空白; (b) 85℃老化 72 h

这种明显的薄膜形貌变化与 I^- 和 MA^+ 的扩散损失直接相关,而高温下长时间老化后 MAI 的大量损失势必会带来 PbI_2 分解产物的堆积,下一个需要研究的问题是这些分解产生的 PbI_2 将以怎样的形式产生并如何影响器件。

3.3.2 薄膜导电性

SEM 结果最先反映出与 PbI_2 相产生和分布有关的证据。SEM 收集的二次电子(SE)来自入射电子束与样品表面的非弹性散射,反映样品表面的细节信息,而不同的探测器决定了二次电子的收集模式。在低探头(L)的探测模式 SE(L) 下,主要得到的是样品的凹凸形貌信息;而高低探头(UL)联用模式 SE(UL) 下,电镜图像还会耦合样品的电位衬度。电位衬度对材料的荷电效应非常敏感,换句话说,如果材料自身存在导电性差异较大的可分辨区域,SE(UL) 模式下的图像衬度将会明显不同。如图 3.14 上方的 SEM 图像所示,SE(L) 模式是上文研究中观测薄膜形貌变化采用的方法。而在 SE(UL) 模式下,高温老化后的 $MAPbI_3$ 薄膜出现了亮度、衬度不同的区域。MP 基底在 PCBM 层保护下晶粒尺寸变化不大,变亮区域范围较小。没有保护的 $MAPbI_3$ 基底(M)晶粒明显变大,并呈现出层状剥离的条纹,电位衬度在部分晶粒有明显表现。在有 Ag 电极的 MPA 基底中,$MAPbI_3$ 晶粒"熔融"增大的同时,晶界区域和部分完整的大尺寸晶粒明显增亮,表现出不同的电位衬度。考虑绝缘的 PbI_2 相作为分解产物在界面堆积,当晶粒周围被 PbI_2 包覆时,积累的电荷无法扩散产生荷电效应,就会在 SE(UL) 模式下表现出更亮的衬度,在之前的文献中也有类似现象的报道 [206-207]。

利用导电 c-AFM 进一步表征 $MAPbI_3$ 薄膜的高度形貌和导电性信息。相比空白薄膜,MP 基底晶粒尺寸变化不大,导电性稍有降低。单独加热 $MAPbI_3$ 薄膜(M)会使其整体导电性降低的同时出现部分晶粒完全绝缘。而在 Ag 电极覆盖的基底 MPA 中,高温老化后原本在电镜下看到的"熔融"变大的晶粒周围出现带状绝缘区域,将这些表观上的大晶粒整体孤立,绝缘区域宽度甚至接近 100 nm。晶粒内部的导电性也并不均匀一致,原本表观上完全"熔融"的晶界也都表现出绝缘的特点。

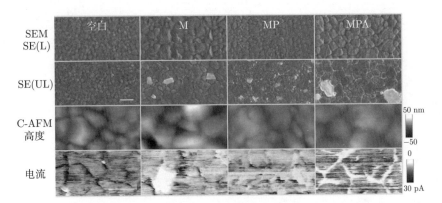

图 3.14 不同基底在 100°C 老化 24 h 后的 SEM（SE(L) 和 SE(UL) 两种模式）及导电 AFM 图像（高度和电流两种模式）

图中的比例尺均为 500 nm

因此，结合 SEM 和 c-AFM 结果可以看出，在大量损失 MAI 的同时，分解产物 PbI_2 向晶界处迁移，导致 $MAPbI_3$ 薄膜晶界重构，从而产生"熔融"现象，该过程与 $MAPbI_3$ 自身的离子迁移性质有关[43]。绝缘的分解产物 PbI_2 将晶粒完全隔离，降低了薄膜的导电性。

3.3.3 薄膜载流子动力学

导电性的降低会直接影响半导体薄膜的载流子传输行为，进而反映在 $MAPbIPbI_3$ 薄膜和界面的载流子动力学过程中。时间分辨的荧光光谱（TRPL）是表征薄膜光生载流子动力学的有效手段，通过脉冲激光激发半导体薄膜发光，利用单光子计数技术（TCSPC）采集随时间衰降的光子信号，进而分析和光生载流子寿命相关的时间常数。如图 3.15 所示，本节收集了两种结构的 TRPL 谱图，分别是玻璃/$MAPbI_3$ 和玻璃/$MAPbI_3$/PCBM，前者用来表征 $MAPbI_3$ 薄膜的本征载流子特性，后者通过 PCBM 电子传输层提取电子载流子，反映 $MAPbI_3$/PCBM 的界面载流子收集能力。

TRPL 曲线通过双指数拟合（式（3-1）），载流子平均寿命 τ_{ave} 通过权重方式计算（式（3-2）），数据的拟合参数汇总于表 3.3。可以看到，在不同的结构下，没有 Ag 电极的 MP 基底都和空白 $MAPbI_3$ 薄膜具有相似的载流子寿命，而有 Ag 电极的 MPA 基底的平均寿命都相应地明显变短。具体来看，在玻璃/$MAPbI_3$ 结构下，Ag 电极诱导的高温衰降使与 $MAPbI_3$ 体相自由载流子复合过程相关的较长寿命项 τ_2 变短，表明钙钛矿体相的电子空穴复合更易发生；代表界面复合过程的短寿命 τ_1 的数值虽然几乎不变，但比例参数 A_1 大幅增大，说明表面复合的发生概率大幅增加。在玻璃/MAPbI$_3$/PCBM 结构中，除了和 MAPbI$_3$ 体相相关的寿命 τ_2 变短外，与界面复合对应的 PCBM 电子提取过程 τ_1 变慢，幅度 A_1 下降，说明除了钙钛矿层体相缺陷的大量增多，界面电荷提取过程也受到一定程度的阻碍。

$$R(t) = A_1 e^{-t/\tau_1} + A_2 e^{-t/\tau_2} \tag{3-1}$$

$$\tau_{\mathrm{ave}} = \frac{A_1 \tau_1^2 + A_2 \tau_2^2}{A_1 \tau_1 + A_2 \tau_2} \tag{3-2}$$

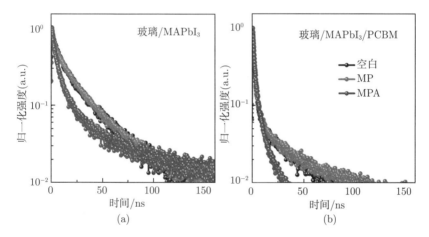

图 3.15 高温老化后 MAPbI$_3$ 层的载流子动力学变化（见文前彩图）

(a) 玻璃/MAPbI$_3$ 结构体系中不同基底 85℃老化 24 h 后的 TRPL 光谱；(b) 玻璃/MAPbI$_3$/PCBM 结构体系中不同基底 85℃老化 24 h 后的 TRPL 光谱

表 3.3 TRPL 表征参数

基底		A_1	τ_1/ns	A_2	τ_2/ns	τ_{ave}/ns
玻璃/MAPbI$_3$	空白	0.51	3.5	0.49	24.5	21.8
	MP	0.47	2.8	0.53	23.4	21.4
	MPA	0.75	3	0.25	19.9	14.6
玻璃/MAPbI$_3$/PCBM	空白	0.92	1.3	0.08	24.5	15.7
	MP	0.93	1.4	0.07	25.8	15.6
	MPA	0.88	1.6	0.12	10.0	5.5

TRPL 结果表明,高温老化后 MAPbI$_3$ 薄膜的载流子传输与收集都受到 PbI$_2$ 界面堆积的阻碍。和部分器件研究提出钙钛矿薄膜中添加过量 PbI$_2$ 有助于钝化缺陷、提高器件效率不同[206,208-209],高温衰降过程产生的 PbI$_2$ 间隙非常宽,足以以分相的形式出现,完全隔绝钙钛矿晶粒的电荷输运。

总的来看,高温老化下 MAI 的大量损失在导致 MAPbI$_3$ 分解的同时引发晶界重构,造成形貌变化,PbI$_2$ 相析出并聚集在晶界周围,隔绝晶粒接触,降低薄膜导电性,并增加钙钛矿体相缺陷,严重阻碍了载流子传输与界面电荷的有效提取。

3.4 倒置器件结构的高温衰降机制与理论指导意义

3.4.1 电极诱导离子扩散的高温衰降机制

本章研究的实验证据对高温老化下卤素钙钛矿材料分解产生离子扩散,电极反应加剧 MAI 损失,卤素钙钛矿层形貌、导电性和载流子传输提取受到影响并最终引起器件效率衰降有了系统的理解,倒置器件结构中电极诱导离子扩散的高温衰降机制如图 3.16 所示,并总结如下:

图 3.16　倒置结构 PSC 电极诱导离子扩散的高温衰降机制

(1) 高温下晶界/缺陷处易迁移脱离体系的 I$^-$ 和 MA$^+$ 诱发 MAPbI$_3$ 层分解,I$^-$ 和 MA$^+$ 扩散穿过小分子 PCBM 电子传输层,接触 Ag 电极界面并在强烈的反应活性下生成 AgI,诱导钙钛矿层的 I$^-$ 和 MA$^+$ 在浓度梯度作用下进一步扩散损失并加剧 MAPbI$_3$ 的分解。

(2) MAI 的损失伴随着钙钛矿分解产物 PbI$_2$ 的生成,晶界缺陷在晶粒内部离子迁移作用下重构,产生表观上晶界"熔融"的形貌变化,降低

MAPbI$_3$ 薄膜导电性。

（3）在大量 MAI 损失的同时，分解产物 PbI$_2$ 不断迁移堆积至晶粒外部，产生几十甚至上百纳米的绝缘 PbI$_2$ 间隙，隔绝钙钛矿晶粒并在体相产生大量缺陷，严重阻碍载流子传输与界面提取。AgI 的生成也使电极处电荷收集过程受到影响，最终导致器件效率严重衰降。

3.4.2 调控 PSC 热稳定性的基本原则

从材料到器件的关联，除了有助于理解器件的高温衰降机制，更能为调控 PSC 热稳定性提供具有理论指导意义的基本原则。针对电极诱导离子扩散机制涉及的几个关键环节，可在以下几个方面做改进提升：

（1）使用具有化学惰性的电极以避免卤素离子的反应；

（2）替换电荷传输层材料或增加隔绝层以抑制离子扩散通道；

（3）稳定的卤素钙钛矿材料，这是最重要也是最根本的。

首先，作为诱导因素，Ag 电极和 I$^-$ 的反应活性在高温衰减机制中扮演了重要角色。为了验证惰性电极的重要性，本节将 Ag 电极更换为聚四氟乙烯层（PTEE）以阻隔 I$^-$ 的反应。从图 3.17 可以看出，和 Ag 电极体

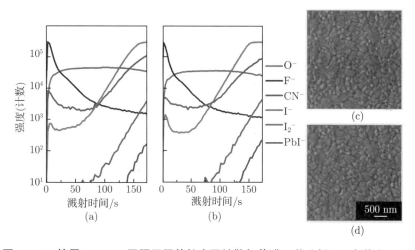

图 3.17 使用 PTEE 阻隔层器件的离子扩散与薄膜形貌分析（见文前彩图）

(a) MAPbI$_3$/PCBM/PTEE 结构的 ToF-SIMS 深度分析；(b) MAPbI$_3$/PCBM/PTEE 结构在 N$_2$ 中 85℃ 加热 24 h 之后的 ToF-SIMS 深度分析；(c) MAPbI$_3$/PCBM/PTEE 结构 85℃加热 24 h 后 MAPbI$_3$ 层的 SEM 形貌图；(d) MAPbI$_3$/PCBM/PTEE 结构 100℃加热 24 h 后 MAPbI$_3$ 层的 SEM 形貌图

系的 ToF-SIMS 结果不同，MAPbI$_3$/PCBM/PTEE 结构在高温老化后并未发生明显的 I$^-$ 界面聚集现象，从 SEM 图像也可以看出，即使是 100°C 加热 24 h，MAPbI$_3$ 形貌也没有明显差别。在电极材料的选择方面，更活泼的 Al 电极显然不合适，仅仅依靠 PCBM 层的隔绝，在器件蒸镀 Al 电极后电极颜色迅速变化，一天后电极基本完全腐蚀。惰性更高且在传统正向结构器件中常用的 Au 电极对器件热稳定性似乎有一定程度的改善，但是从图 3.18 可以看出，100°C 加热 24 h 后，MAPbI$_3$ 层也在一定程度上表现出类似晶界"熔融"的现象，表明 Au 电极长远来看也不够惰性。目前的研究中可以选择的惰性电极主要为碳，碳对电极器件在稳定性上一般都表现出明显优势 [47, 210]。另外，双电极结构如 Cr/Au，Bi/Ag 等也在提升稳定性上有一定的效果 [62, 211]。

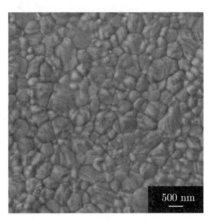

图 3.18　MAPbI$_3$/PCBM/Au 结构在 N$_2$ 中 100°C 加热 24 h 后 MAPbI$_3$ 层的 SEM 形貌图

在电荷传输材料方面，由于 PCBM 的小分子结构和无定型薄膜特性，I$^-$ 和 MA$^+$ 的扩散过程很容易发生，再考虑可能存在的离子与 PCBM 的相互作用增强扩散的驱动力 [58]，就需要重新考虑电子传输材料的选择。同样的思路也适用于传统正向结构器件做空穴传输材料的选择。一般来说，无机半导体由离子键或共价键连接，与以范德华力构筑的有机材料相比，原子排列更紧密且相邻位间相互作用很强，以 PSC 中常用的无机半导体 TiO$_2$、SnO$_2$ 和 NiO$_x$ 为代表，I$^-$ 和 MA$^+$ 的离子半径很大，难以扩散传质，因而成为优先考虑的选择。增加隔绝层也是阻隔离子扩散接触电极的有效方式,上文提及的 BCP 空穴阻挡层作为小分子材料并不能阻隔 I^- 的扩散,因此器件仍表现出类似的高温衰降。而理想的阻隔层在保护器件的同时,还可以兼顾载流子隧穿传输和抑制电荷复合的功能,这类材料一般包括原子层沉积(ALD)或蒸镀的宽带隙无机材料、高分子材料、石墨烯和二硫化钼等二维材料等。关于这一部分讨论,一个典型的例子是 Arora 等人使用 CuSCN 作空穴传输材料,还原氧化石墨烯 rGO 作隔绝层,实现了 60℃下 1000 h 连续输出的热稳定性提升[49]。

使用稳定的卤素钙钛矿材料是提升 PSC 热稳定性的根本途径。有机组分的存在不仅提高了卤素离子的迁移能力,也因为易挥发的本质降低了分解反应发生的势垒[91],因此全无机卤素钙钛矿材料体系的研究和应用十分重要。结合以上理论指导,本章研究在最后尝试采用全无机卤素钙钛矿 $CsSnIBr_2$ 作为吸光材料,多孔碳作为惰性电极材料,构筑介孔结构的碳对电极 PSC[212],如图 3.19 所示。通过在前驱体溶液中加入次磷酸(HPA)可以有效抑制 Sn^{2+} 氧化并调节材料的空穴浓度,制备了效率为 3% 的器件,相关内容见文献 [213]。重要的是,全无机卤素钙钛矿的热稳定性、对电极的反应惰性及多孔无机框架的保护作用有效提升了器件的热稳定性,相比于 $MAPbI_3$ 体系在高温连续输出下的迅速衰降,该器件连续运行 9 h 后衰降仅在 2% 左右,甚至在 200℃下连续输出时,依然保持一致的热稳定性,这充分说明了全无机卤素钙钛矿材料本征热稳定性的重要性,也是本书第 4 章和第 5 章研究内容的理论出发点。

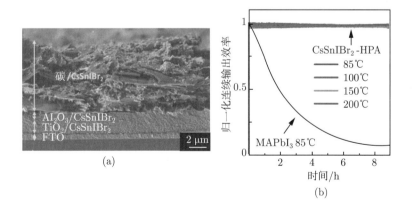

图 3.19 $CsSnIBr_2$ 的碳对电极介孔 PSC 及其稳定性(见文前彩图)

(a) $CsSnIBr_2$ 的碳对电极介孔 PSC 截面的 SEM 图;(b) 高温连续输出效率记录曲线

3.5 小　　结

本章基于倒置结构 PSC 器件提出电极诱导离子扩散的高温衰降机制，以及具有理论指导意义的调控器件热稳定性的基本原则。

（1）高温下倒置结构器件中 Ag 电极诱导 $MAPbI_3$ 的离子扩散。通过器件高温老化衰降的对比实验认识到 Ag 电极与器件热稳定性的直接相关性。在 ToF-SIMS 深度分析中直接观测到高温老化过程中 $MAPbI_3$ 层分解产生的 I^- 和 MA^+ 跨越 PCBM 层扩散至 Ag 电极内表面，并与 Ag 电极发生界面反应生成 AgI。

（2）高温老化过程中 MAI 的大量损失对 $MAPbI_3$ 薄膜形貌、导电性和载流子传输收集产生严重影响。通过 SEM 观察到高温下 $MAPbI_3$ 薄膜的晶界重构现象；通过 c-AFM 观察到晶界处绝缘分解产物 PbI_2 的堆积和薄膜导电性的下降；TRPL 实验证明高温老化后 $MAPbI_3$ 薄膜缺陷大量增加，载流子复合严重，$MAPbI_3$/PCBM 界面电荷的提取受到阻碍，器件效率迅速下降。

（3）总结器件高温衰降机制并提出调控器件热稳定性的基本原则。针对电极诱导离子扩散的高温衰降机制，从惰性电极、隔绝离子扩散的传输层和本征热稳定的材料三方面提出并阐述调控原理，并依据基本原则制备全无机卤素钙钛矿 $CsSnIBr_2$ 的碳电极介孔结构太阳能电池，验证其优异的热稳定性。本章研究为选择全无机卤素钙钛矿材料作为研究体系的重要性提供了可靠的实验基础和理论依据。

第4章 γ-CsPbI$_3$ 在 Cs$_4$PbI$_6$ 框架中的自发生长及稳定性研究

第 3 章的研究表明,有机–无机杂化钙钛矿中有机组分的分解扩散行为在器件高温衰降初期就不可逆,因此全无机卤素钙钛矿的研究和应用是调控器件热稳定性最重要的选择。CsPbI$_3$ 是已知的全无机卤素钙钛矿体系中最具光伏应用潜力的关键材料,相比其他全无机结构,CsPbI$_3$ 具有合适的直接带隙,化学稳定且无分相问题,器件性能突出。但室温下,尤其是升温时(> 80℃),热力学亚稳定的钙钛矿相 γ-CsPbI$_3$ 会自发相变为黄色的非钙钛矿相 δ-CsPbI$_3$,极大地限制了 CsPbI$_3$ 器件的制备和稳定性。目前 CsPbI$_3$ 材料与薄膜的制备基本通过动力学控制实现,很难从根本上解决 CsPbI$_3$ 钙钛矿相的长期相稳定性,尤其是高温下的相稳定性。

本章从热力学控制的角度出发,探究室温下无机 Cs$_4$PbI$_6$ 框架诱导纳米尺度 γ-CsPbI$_3$ 相自发生长的新方法。然后系统表征了材料的光学性质,拓展了材料体系,并分析了 γ-CsPbI$_3$ 的缺陷诱导生长机制。最后验证了材料结构的稳定性,为制备相稳定的 γ-CsPbI$_3$ 提供全新的实验证据和研究思路。

4.1 气相扩散法探索不同 CsI-PbI$_2$ 体系

由于 CsPbI$_3$ 在室温下的钙钛矿相(γ 相)并非热力学最稳定的相态,在实验上无论采用溶液合成还是固相合成的方法,都只能得到热力学上最稳定的非钙钛矿相(黄色 δ 相)。气相扩散法是一种常见的单晶生长方法,通过不良溶剂气相扩散进入良溶剂的方法降低前驱体溶液的溶解度,从而缓慢析出晶体,在卤素钙钛矿的研究领域也常被称为反溶剂气相辅助结晶法。如图 4.1 所示，采用 DMSO 溶解前驱体 CsI 和 PbI_2，利用三氯甲烷作为反溶剂生长材料。在化学计量比 $CsI:PbI_2=1:1$ 的条件下，产物依然是针状的黄色 $\delta\text{-}CsPbI_3$，但当提高 $CsI:PbI_2$ 比例时，得到了不同相组成的产物（表 4.1）。

图 4.1　气相扩散法示意图

表 4.1　不同 $CsI:PbI_2$ 比例下气相扩散法合成产物的相组成及变化情况

$CsI:PbI_2$ 比例	相组成	颜色	空气放置颜色变化
1	$\delta\text{-}CsPbI_3$	黄色	无变化
1.5, 2, 3, 3.5	$\delta\text{-}CsPbI_3$	黄色	无变化
	$Cs_2PbI_4 \cdot X$	橙红	变黄色
	Cs_4PbI_6	淡黄	变黑色
3.75, 4, 5	Cs_4PbI_6	淡黄	变黑色
6, 8	Cs_4PbI_6	淡黄	无变化
	CsI	透明	无变化

在 $CsI\text{-}PbI_2$ 体系的高 Cs/Pb 区域，唯一存在的热力学稳定相为孤立 $[PbI_6]$ 八面体构成的 Cs_4PbI_6（晶体结构如图 4.2(a) 所示），因此 Cs/Pb>1 时产物中均含有 Cs_4PbI_6 相。除此之外，当 $CsI:PbI_2=2\sim3$ 时，产物中存在一种亚稳态的橙红色晶体，但在母液中放置 1 天即发生分解生成黄色 $\delta\text{-}CsPbI_3$ 相，在空气中短短几分钟就会开始分解变色。初步解析该化合物为二维层状钙钛矿结构，但由于该化合物迅速降解，铅碘八面体层间的衍射信息不够充分，暂记作 $Cs_2PbI_4 \cdot X$，层间非 Cs^+ 组分 X 在图 4.2(b) 中用浅黑色球体示意，本章不再做进一步说明。

有趣的是，如图 4.3(a) 所示，在 CsI/PbI_2 不太高（<5）的条件下，产物中淡黄色的 Cs_4PbI_6 组分在空气（$T\approx25°C$, $RH\approx30\%$）中放置会变

为黑色，且变黑的速度随 CsI:PbI$_2$ 比例的提高而逐渐变慢。一般地，在 CsI:PbI$_2$=2 的产物中，Cs$_4$PbI$_6$ 组分一天左右即可完全变黑；CsI:PbI$_2$=4 时需要几天；CsI:PbI$_2$=5 时甚至需要几周时间，颜色也较浅，仅变为深黄色。当 CsI:PbI$_2$ >5 时，Cs$_4$PbI$_6$ 组分基本没有任何颜色变化。

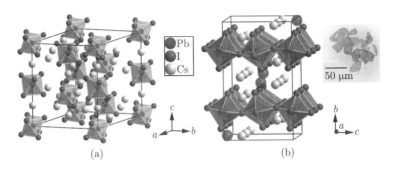

图 4.2　Cs$_4$PbI$_6$ 与 Cs$_2$PbI$_4$·X 的晶体结构（见文前彩图）
(a) Cs$_4$PbI$_6$ 晶体结构；(b) Cs$_2$PbI$_4$·X 晶体结构示意图和显微镜下的晶体照片

需要说明的是，样品的变色过程不仅仅在空气中发生，在惰性气体氛围、真空、不良溶剂（正己烷、石蜡油等）甚至母液中放置均会发生一致的变色行为。不同的是，在母液中放置变色需要的时间较长，即使是在低 CsI:PbI$_2$ 比例下，产物析出后也需要几周时间才能观察到部分晶体内部变为黑色。

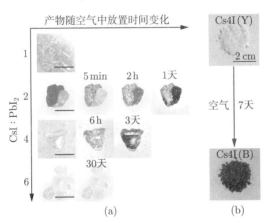

图 4.3　Cs4I 的反应比例探究与变色情况（见文前彩图）
(a) 不同 CsI:PbI$_2$ 比例气相扩散法合成的产物及其在空气中放置的变化情况（$T \approx 25°C$, RH $\approx 30\%$，图中比例尺为 500 μm）；(b) 批量制备的 Cs4I 的变色情况（约 0.8 g）

溶解有机-无机杂化卤素钙钛矿前驱体的溶剂一般有 DMSO、二甲基甲酰胺（N,N- 二甲基甲酰胺，DMF）和 GBL（γ-丁内酯）。GBL 由于对铯盐溶解度很低而无法使用，而 DMF 作为溶剂时并未观察到产物变色的情况，可能是由于 DMF 与 Pb^{2+} 配位能力较弱[214]，反溶剂扩散时 δ-$CsPbI_3$ 迅速析出消耗体系的 Pb^{2+}，使生成 Cs_4PbI_6 的过程处于高 Cs/Pb 环境。对于反溶剂，使用二氯甲烷作为反溶剂时也可以观察到产物变色情况，不过相比三氯甲烷，二氯甲烷对 Cs^+ 的溶解度更低，$CsI:PbI_2=4$ 时的产物中就已经出现了 CsI 相。

为了控制变量并研究纯相 Cs_4PbI_6 变黑的原因，本章研究统一使用三氯甲烷作为反溶剂，在 $CsI:PbI_2=4$ 的条件下控制生长时间，避免 δ-$CsPbI_3$ 或 CsI 的产生，并统一在空气放置一周以保证产物变色（图 4.3(b)）。在下文中该比例产物记为 Cs4I，新制样品和变黑样品分别记为 Cs4I(Y) 和 Cs4I(B)。类似地，$CsI:PbI_2$ 为 X 的产物记为 CsXI。

4.2　γ-$CsPbI_3$@Cs_4PbI_6 结构与光学性质研究

Cs_4PbI_6 相颜色变化的来源有以下几种可能性：

（1）生成钙钛矿相 $CsPbI_3$。由于 CsI-PbI_2 体系中目前已知的唯一存在的黑色相为钙钛矿相 $CsPbI_3$，因此室温放置过程中样品可能自发生长出 γ-$CsPbI_3$，使样品整体呈现黑色。

（2）生成其他黑色分解产物。理论上 Cs_4PbI_6 具有本征的热力学稳定性，室温条件不足以完全破坏其结构，但不排除该方法制备的 Cs_4PbI_6 相可能分解析出已知（如 I_2）或未知的黑色或深颜色物相。

（3）色心。从实验结果来看，变黑的过程倾向于发生在缺 Cs^+（Cs/Pb<4）环境制备的样品，生长过程中人为引入的（空位）缺陷也可能俘获电子/空穴，产生能够吸收可见光的带间能级，造成样品宏观变色。

4.2.1　相组成与结构分析

首先对变色前后的 Cs4I 样品进行 XRD 分析。Cs4I 样品放置一周后已大部分变黑，研磨后的粉末也呈灰色，但是如图 4.4 所示，变色前后产物的 XRD 谱图和 Cs_4PbI_6 相标准谱图均能完全对应，XRD 表征并未检测到其他新相的产生。

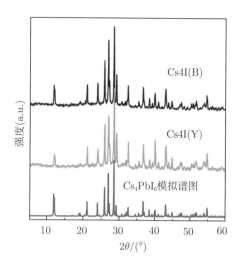

图 4.4　Cs4I 样品变色前后的 XRD 谱图对比

考虑到 XRD 的检测灵敏度有限，且受物相自身结晶度和衍射强度的影响较大，分散样品并在透射电子显微镜（TEM）下对样品进行直接观测。如图 4.5(a) 所示，材料中大部分区域呈现较完整的晶面，选区电子衍射和快速傅里叶转换（FFT）结果一致，表现为沿 [0,0,1] 晶带轴方向的规整六次对称花样，衍射点间距和夹角与三方晶系 Cs_4PbI_6 结构吻合（$R\text{-}3c(167)$, $a=b=14.528$ Å, $c=18.313$ Å, $\alpha=\beta=90°$, $\gamma=120°$[215]）。在部分区域可以看到如图 4.5(b) 所示的不规则分散纳米结构（蓝框所示），尺寸约为 10 nm。选取纳米结构区域进行 FFT 分析，可以看到完全不同的二次对称菱形花样。对比正交晶系 $\gamma\text{-}CsPbI_3$ 结构（$Pbnm(62)$, $a=8.620$ Å, $b=8.852$ Å, $c=12.501$ Å, $\alpha=\beta=\gamma=90°$[72]），可以在 $[3,\bar{6},\bar{2}]$ 晶带轴方向得到完全一致的拟合结果。图中标注的 (210) 晶面主要对应 $\gamma\text{-}CsPbI_3$ 沿 c 轴的 Pb-I 链和 ac 面的 Cs 原子，$(01\bar{3})$ 晶面主要对应顶点和体心的 Pb 原子，衍射强度最高的 (203) 晶面对应 ab 面的 Pb 原子和大部分碘原子。

TEM 结果提供了强有力的结构证据表明 Cs_4PbI_6 产物的颜色变化来自于体相内生长出的纳米尺寸 $\gamma\text{-}CsPbI_3$，在无机框架 Cs_4PbI_6 包覆下形成 $\gamma\text{-}CsPbI_3@Cs_4PbI_6$ 结构。虽然 $\gamma\text{-}CsPbI_3$ 含量很低，无法由粉末 XRD（powder X-ray diffraction, PXRD）检出，但由于其消光系数高，材料整体表现出黑色。另外，微观上无规则分布的 $\gamma\text{-}CsPbI_3$ 纳米结构也导致晶体中宏观上变黑的区域并不均匀，生长速度也不一致，比如同样的 Cs4I 样品中，也存在如图 4.6 所示变色过程很慢的晶粒。

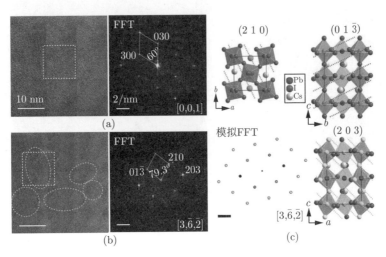

图 4.5 Cs4I 样品中 Cs_4PbI_6 及 $\gamma\text{-}CsPbI_3$ 区域的 TEM 分析（见文前彩图）
(a) Cs_4PbI_6 区域的 TEM 图像及黄框位置对应的 FFT 衍射花样；(b) $\gamma\text{-}CsPbI_3$ 纳米相（蓝色圈出）的 TEM 图像及黄框位置对应的 FFT 衍射花样；(c) $\gamma\text{-}CsPbI_3$ 的 $[3,\bar{6},\bar{2}]$ 晶带轴模拟 FFT 及部分衍射晶面族示意图（晶面上的原子以不同颜色对应标出）

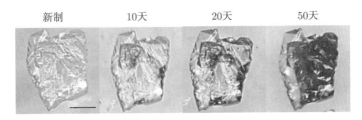

图 4.6 Cs4I 样品中缓慢变色且颜色分布不均一的晶粒
图中比例尺为 250 μm

4.2.2 热分析

通过固相合成的方法制备 $CsI:PbI_2=4$ 和 8 的样品 Cs4I-ss 和 Cs8I-ss 以对比 Cs4I 样品与体相 Cs_4PbI_6 材料的热性能。如图 4.7 所示，XRD 结果表明固相合成产物 Cs4I-ss 和 Cs8I-ss 均由 Cs_4PbI_6，$\delta\text{-}CsPbI_3$ 和 CsI 相组成，区别在于 Cs8I-ss 中有更多的 CsI 和更少的 $\delta\text{-}CsPbI_3$。人们在很早以前

就研究认识到固相反应无法获得纯相 Cs_4PbI_6[216]，这是由于 Cs_4PbI_6 材料非共熔，在熔化前会先分解为 $CsPbI_3$ 和 CsI，因此即使在 $CsI:PbI_2=8$ 的条件下体系依然含有少量 $δ-CsPbI_3$，本书的实验结果也验证了这一点。根据测得的熔点数据绘制了简略的 $CsI-PbI_2$ 体系相图（图 4.7(c)）。Cs_4PbI_6 的升温熔化会经历两个吸热过程，分别对应 $Cs_4PbI_6-CsPbI_3$ 体系的低共熔点 $T_e=435℃$ 和 Cs_4PbI_6 自身的非相合熔点 $T_i = 478℃$，这两个吸热过程在 Cs4I 和 Cs4I-ss 材料中都有一致的体现。由于低共熔点的特征是 Cs_4PbI_6-$CsPbI_3$ 体系的本征属性，T_e 的出现也验证了体系中 $CsPbI_3$ 相的存在，排除了其他分解产物的可能性。

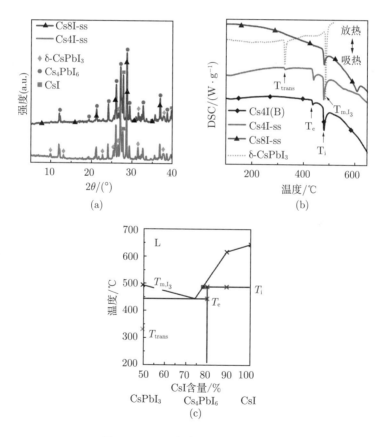

图 4.7　固相合成产物及热分析

(a) 固相合成产物的 PXRD 谱图；(b) DSC 热分析；(c) $CsI-PbI_2$ 体系相图（$50\% \leqslant x_{CsI} \leqslant 100\%$，实验点以 x 标注，方块点横坐标由 PXRD 定性推测）

4.2.3 光学性质

本节进一步系统研究了 γ-CsPbI$_3$@Cs$_4$PbI$_6$ 新结构的光学性质（图 4.8）。Cs4I 材料吸收带边 E_g 约为 1.71 eV，与直接带隙特征相符，且连续覆盖 400~725 nm 的范围。PL 光谱为窄且强的单一峰，发光位置在 707 nm（442 nm 激发波长下的荧光量子产率约为 7%）。PL 发光峰的半峰宽（full width at half maximum，FWHM）为 96 meV，和 CsPbI$_3$ 量子点的单粒子发光半峰宽一致[217]。在共聚焦显微镜模式局域的检测范围（约 1 μm）下，自吸收水平更低，发光位置蓝移至约 702 nm，半峰宽进一步降低至 68 meV，表明材料发光性质非常均一。可以看出，无论是带隙还是发光位置，Cs4I 材料相较于体相 γ-CsPbI$_3$（E_g ≈1.69 eV，PL≈713 nm）都表现出一致的蓝移，符合 γ-CsPbI$_3$@Cs$_4$PbI$_6$ 结构中纳米尺寸 γ-CsPbI$_3$ 的量子限域效应特征。一般使用溶液法有机配体包覆制备的 CsPbI$_3$ 量子点的发光位置均处于 680~690 nm[124-125,218]，相较而言，该体系中 γ-CsPbI$_3$ 的发光位置是非常接近体相材料的。

漫反射光谱的短波长区为 Cs$_4$PbI$_6$ 的吸收区域，其零维结构表现出类似分子的能级吸收峰。在约 3.47 eV 处吸收最强的位置为 Cs$_4$PbI$_6$ 的激子吸收峰（E_{ex}），与文献报道一致[216,219]。另一方面，大于 3.47 eV 的带间吸收峰反映了 Cs$_4$PbI$_6$ 的能带结构，可以看到，变色前后 Cs4I 的吸收峰位置都与固相合成的体相 Cs$_4$PbI$_6$（Cs4I-ss）完全一致，这表明变色过程并未导致 Cs$_4$PbI$_6$ 无机框架的周期结构发生变化。由于色心类缺陷的大量产生势必会引起材料电子结构的变化，相应地，吸收光谱上的精细结构信息也会对应改变，因此在 TEM 提供的 γ-CsPbI$_3$ 的直接结构证据之外，吸收光谱的一致性也进一步说明该体系的颜色变化并非来自色心缺陷态的产生。

除此之外，还注意到 Cs4I 的 PL 激发光谱截止位置恰好处于 Cs$_4$PbI$_6$ 的吸收带边，这说明 Cs$_4$PbI$_6$ 框架虽然能够在紫外区有效吸光，但其零维的孤立结构[166]无法与 γ-CsPbI$_3$ 产生激子能量转移使其发光，并且由于其电声耦合很强，自身的辐射跃迁也大大减少（325 nm 激发下基本无 PL 信号）。因此，γ-CsPbI$_3$ 的 PLE 截止位置与 Cs$_4$PbI$_6$ 吸收带边的重合也进一步印证了 γ-CsPbX$_3$@Cs$_4$PbX$_6$ 结构模型的可靠性，图 4.8(b) 中的滤光激发示意图描述了 γ-CsPbX$_3$@Cs$_4$PbX$_6$ 结构的吸光发射过程。

第 4 章 γ-CsPbI₃ 在 Cs₄PbI₆ 框架中的自发生长及稳定性研究

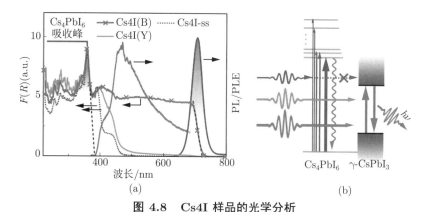

图 4.8 Cs4I 样品的光学分析

(a) Cs4I 样品的紫外–可见光漫反射光谱、PL 发射谱（激发波长：488 nm）和激发谱（发射波长：707 nm）；(b) γ-CsPbX₃@Cs₄PbX₆ 结构的吸光发射示意图

4.2.4 变温荧光光谱分析

Cs4I 材料的固体属性与全无机组成保障了其变温荧光性质的研究，如图 4.9 所示，变温条件下积分强度、发光位置和半峰宽的变化能够系统地提供材料的载流子性质。

（1）PL 积分强度的温度依赖性一般能够反映其激子结合能水平，可以利用 Arrenius 关系描述：

$$I(T) = I_0\{1 + A \cdot \exp[-E_B/(k_B T)]\} \tag{4-1}$$

其中，活化能 E_B 为材料的激子结合能。拟合得到该体系中纳米相 γ-CsPbI₃ 的 $E_B=(189\pm 14)$ meV，与体相的 20 meV 相比有数量级的增加[124]，符合量子限域效应的特征。同类型下纳米结构 CsPbBr₃ 的 $E_B=353$ meV（体相约为 40 meV）[220]。

（2）PL 发光位置随温度降低逐渐红移，表明带隙随温度降低而减小，这一特征与大多数Ⅳ族（Si）、Ⅲ-Ⅴ族（如 GaAs）和Ⅱ-Ⅵ族（如 CdSe）传统半导体相反[221]，但和目前报道的卤素钙钛矿材料一致[28,222-223]。O'Donnell-Chen 考虑电声耦合贡献得到带隙温度关系[224]：

$$E_g(T) = E_{g,0} + A_{TE}T - SE_{ph}\{\coth[E_{ph}/(2k_B T)] - 1\} \tag{4-2}$$

其中，$E_{g,0}$ 为绝对零度时的本征带隙；A_{TE} 描述晶格膨胀相关的温度系数；S 为反映电声耦合强度的黄昆因子（Huang-Rhys factor），常与自限域激子（STE）的产生直接相关；E_{ph} 为体系的有效声子能量。拟合得到 $A_{TE}=(0.293\pm0.007)$ meV/K 的正相关温度系数。较小的黄昆因子 $S=2.98\pm0.95$ 与报道的 $CsPbBr_3$ 纳米片结果基本一致（$S=3.2$）[225]，与体系的单一发光峰性质一致。

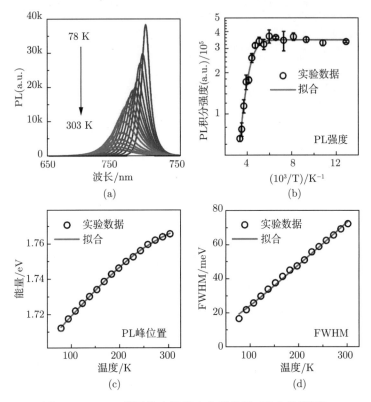

图 4.9 Cs4I 样品的变温荧光光谱分析（见文前彩图）
(a) Cs4I 的变温 PL 光谱；(b) Cs4I 的变温积分强度；(c) Cs4I 的变温发光位置；
(d) Cs4I 的变温半峰宽分析

（3）半峰宽 FWHM 描述了发光能量的一致性。Cs4I 材料的 PL 半峰宽随温度降低基本呈线性下降，这是低温下晶格散射作用减弱的表现。一般来讲，FWHM 的温度关系主要受四个方面的影响：本征展宽 Γ_0、声学声子（acoustic phonon）散射项 Γ_{ac}、纵光学声子（polar longitudinal optical (LO) phonon）散射项 Γ_{LO} 和杂质作用项 Γ_{imp}[226]。由于在本章研究使用的液氮温度下，低能量的声学声子散射作用基本无法体现，而杂质散射项的存在会使 FWHM 的非线性特征明显,因此也忽略不考虑。和大部分卤素钙钛矿模型一致,使用 LO 声子散射(Fröhlich 相互作用)作为主要贡献的温度关系[223]:

$$\Gamma(T) = \Gamma_0 + \gamma_{\mathrm{LO}}/\{\exp\left[E_{\mathrm{LO}}/(k_\mathrm{B}T)\right] - 1\} \quad (4\text{-}3)$$

其中,γ_{LO} 和 E_{LO} 分别表示 LO 声子相互作用强度及 LO 声子能量。由于测试温度不够低,无法保证 Γ_0 在 $T=0$ K 时的准确性,因此考虑 $CsPbCl_3$ 和 $CsPbBr_3$ 的 E_{LO} 变化趋势(分别为 16 meV 和 43 meV),使用文献[223]中 $MAPbI_3$ 的 LO 声子能量 $E_{\mathrm{LO}}=11.5$ meV 作为参数,得到 $\gamma_{\mathrm{LO}} = (33.9 \pm 0.6)$ meV 的结果,这一数值与 $MAPbI_3$(40 meV)和 $FAPbI_3$(40 meV)相差不大。值得注意的是,$T=78$ K 时 Cs4I 材料的半峰宽仅为 17 meV,如此窄的发光峰此前从未在其他卤素钙钛矿体系中报道过,进一步说明该结构的发光一致性。

4.2.5 荧光寿命分析

在微观结构上,这种发光一致性表明 γ-$CsPbI_3$ 的纳米结构会生长到基本一致的尺寸(约 10 nm),但是这一生长过程发生的位点,即产物的变色区域,在宏观上看起来却并不均匀(图 4.6)。如图 4.10 所示,选取变色不一致的晶粒,并利用显微共聚焦荧光寿命成像系统(FLIM)对其荧光强度和荧光寿命成像,可以看出,该晶粒中间部分未发生颜色转变,在 (700± 37.5) nm 滤光模式下也无任何发光,而两侧的黑色区域显示出较一致的荧光亮度,也是荧光寿命的成像区域。该材料的荧光寿命主要分布在 20~60 ns 的范围,用式 (3-1) 对不同寿命区域进行双指数拟合,并加权计算平均寿命,可以得到该区域的平均荧光寿命 τ_{ave} 约为 36 ns(表 4.2),与文献中 $CsPbI_3$ 量子点 20~80 ns 的寿命相符[124-125]。

总结来看,TEM 提供了体相内形成 γ-$CsPbI_3$ 的直接结构证据,XRD 和热分析结果排除了其他深色分解产物作为主要吸光来源的可能,Cs_4PbI_6 光吸收性质的一致性排除了色心作为主要吸光来源的可能,表明 Cs4I 材料的变色来自 γ-$CsPbI_3$@Cs_4PbI_6 结构。Cs4I 材料带隙与发光的蓝移,PLE 光谱与 Cs_4PbI_6 吸收带的互补,变温 PL 分析得到的激子结合能、带隙温度关系等信息,以及荧光寿命分析等结果,都与 γ-$CsPbI_3$@Cs_4PbI_6 结构模型一致。该体系中纳米相 γ-$CsPbI_3$ 的发光性质非常均一,结合其固体性质所保障的可变温操作性，能够为全无机卤素钙钛矿体系的光物理研究提供可靠的材料方案。

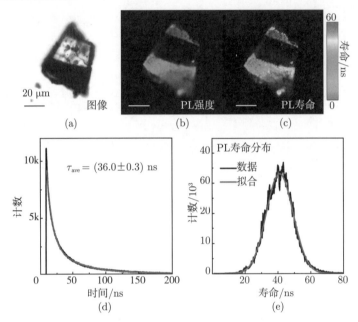

图 4.10 Cs4I 样品的荧光成像及寿命分析（见文前彩图）

(a) Cs4I 晶粒的显微图像；(b) Cs4I 晶粒的荧光成像；(c) Cs4I 晶粒的荧光寿命成像；(d) Cs4I 晶粒的平均寿命曲线；(e) Cs4I 晶粒的荧光寿命分布

表 4.2 图 4.10 中 Cs4I 样品荧光寿命分析

区域	A_1	τ_1/ns	A_2	τ_2/ns	τ_{ave}/ns
短寿命选区	0.235±0.005	40.89±0.26	0.765±0.0070	7.61±0.05	28.33±0.07
长寿命选区	0.53±0.02	59±2.9	0.47±0.02	13±0.83	51±2.2
全范围	0.3539±0.0032	45±0.52	0.6461±0.0032	8.6±0.19	36±0.32

4.3 $CsPbX_3@Cs_4PbX_6$(X=Cl, Br, I) 结构拓展与生长机制推测

如第 1 章所述，目前钙钛矿相 $CsPbI_3$ 的体相材料、量子点结构和薄膜制备都主要受动力学控制，形成的亚稳态钙钛矿相 $CsPbI_3$ 会随时间延

长或温度升高相变为热力学稳定的黄色 δ 相,该过程在水汽等极性溶剂分子存在时会更迅速。但 γ-CsPbI$_3$@Cs$_4$PbI$_6$ 结构中的 γ-CsPbI$_3$ 来自于室温下的自发转化生长,更倾向于热力学控制的过程,在空气中和高温、低温下都非常稳定。因此,研究该结构中的 γ-CsPbI$_3$ 为何能作为稳定相态存在并自发生长,将为制备和提高 γ-CsPbI$_3$ 材料/器件稳定性带来全新的研究思路。

4.3.1 CsPbX$_3$@Cs$_4$PbX$_6$(X=Cl, Br, I) 结构的纳米相生长行为

为了研究钙钛矿相 γ-CsPbI$_3$ 的形成过程,本节首先对该体系进行拓展,更换卤素离子制备 X=Br 和 Cl 的 Cs4Br 和 Cs4Cl。如图 4.11 所示,相同

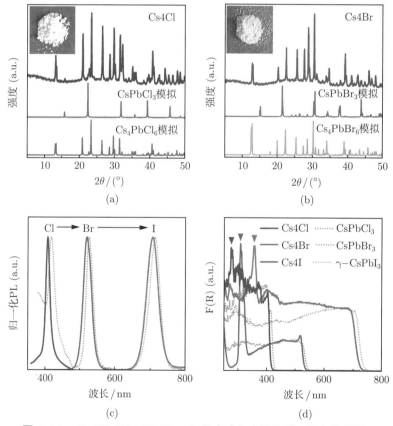

图 4.11 Cs4X (X=Cl, Br, I) 的合成与光学性质(见文前彩图)
(a) Cs4Cl 的 PXRD 谱图;(b) Cs4Br 的 PXRD 谱图;(c) Cs4X 与 CsPbX$_3$ 的 PL 谱图对比;(d) Cs4X 与 CsPbX$_3$ 的紫外–可见光漫反射谱图对比

的制备方法下，可以对应得到基本纯相的 Cs_4PbCl_4 和 Cs_4PbBr_4。Cs4Br 的产物与 Cs4I 类似，XRD 谱图中没有杂相，Cs4Cl 的产物中则出现了少量的 $CsPbCl_3$ 相，这在进一步佐证钙钛矿相 $CsPbX_3$ 极易在 Cs_4PbX_6 中生长的同时，也表明了不同体系中钙钛矿相的生长速率和含量关系为 Cl>Br>I。

图 4.11(c) 和图 4.11(d) 对比了 Cs4X 产物与 $CsPbX_3$ 体相材料的 PL 发光与吸光性质。与上文对 Cs4I 的分析一致，X=Cl, Br 的产物也表现出发光位置和吸收带边蓝移的特征，如表 4.3 分析汇总的结果所示，二者的蓝移程度（ΔPL 和 ΔE_g）基本一致。紫外-可见光漫反射光谱的短波长区一致出现了 Cs_4PbX_6 的激子吸收峰，峰位置也与文献报道的 Cs_4PbX_6 体相材料的 E_{ex} 基本相符。同样相吻合的还有 Cs_4PbX_6 无机框架的滤光特性，PLE 光谱的截止位置与 Cs_4PbX_6 的吸收带边基本重合，统一验证了在 X=Cl, Br, I 的体系下 Cs4X 产物均具有 $CsPbX_3@Cs_4PbX_6$ 基本结构。

表 4.3 $CsPbX_3@Cs_4PbX_6$ (X=Cl, Br, I) 结构的光学性质

X	PL/eV		FWHM /meV	E_g/eV		蓝移情况/meV	
	Cs4X	$CsPbX_3$		Cs4X	$CsPbX_3$	ΔPL	ΔE_g
Cl	3.041	2.968	107^a/84^b	2.98	2.92	65	60
Br	2.386	2.357	124^a/93^b	2.31	2.28	29	30
I	1.755	1.738	96^a/68^b	1.71	1.69	17	20

X	E_{ex,Cs_4PbX_6}/eV		Cs_4PbX_6 滤光特性/nm	
	实验数据	文献值	E_{g,Cs_4PbX_6}	PLE 截止
Cl	4.46	4.37[227-228]	302	303
Br	4.01	3.95[229-230]	333	329
I	3.47	3.38[216, 231]	377	386

注：a 荧光分光光度计，氙灯光源；b 显微共聚焦系统，激光光源。

发光位置的蓝移程度一般能够定性反映纳米结构的尺寸，受量子限域效应影响，通常纳米相尺寸越小，发光蓝移程度越大。图 4.12 为样品从溶液中取出后发光位置随时间的变化，可以看到，随着放置时间的延长，Cs4X 样品发光位置逐渐向长波长移动，对应纳米结构的尺寸不断变大，即 $CsPbX_3$ 纳米相的生长过程。另外，生长速度最快的 Cs4Cl 发光位置变化也最小，而 Cs4I 由于生长速率较慢，在离开溶液 2 h 后才检测到约 697 nm 处的发

光峰，并在一周左右保持不变。

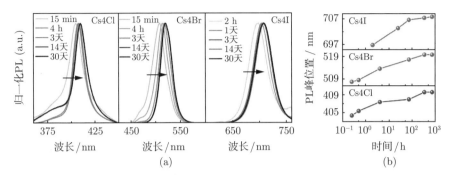

图 4.12　Cs4X (X=Cl, Br, I) 的荧光光谱变化分析（见文前彩图）
(a) Cs4X (X=Cl, Br, I) 的 PL 光谱随时间的变化情况；(b) Cs4X (X=Cl, Br, I) 的发光峰位置统计

4.3.2　热力学控制的 γ-CsPbI$_3$ 自发生长机制

由 CsPbX$_3$@Cs$_4$PbX$_6$ 结构的普适性和 CsPbX$_3$ 纳米相的生长行为可以看出，卤素钙钛矿结构的 CsPbX$_3$ 在 Cs$_4$PbX$_6$ 框架中的生长转化是一个自发程度很高的过程。借由 Cs$_4$PbX$_6$ 体系这种普适的热力学低势垒过程，钙钛矿相 γ-CsPbI$_3$ 在室温下就能够自发形成。同时，Cs$_4$PbI$_6$ 无机框架的刚性结构增加了 γ-CsPbI$_3$ 到 δ-CsPbI$_3$ 的相变势垒，使原本亚稳态的 γ-CsPbI$_3$ 相得以保持。另一方面，纳米尺寸下 γ-CsPbI$_3$ 更低的比表面能也可能使其获得比 δ-CsPbI$_3$ 相更低的总能量[131]。

生长条件控制实验的结果表明，Cs$_4$PbI$_6$ 产物变黑的速度与初始反应投料比有直接关系，CsI:PbI$_2$（2~4）越低，产物的变黑速度越快；比例高于 4 后，变色时间变得非常长且颜色也较浅。考虑到 CsI:PbI$_2$=4 恰好是 Cs$_4$PbI$_6$ 的化学计量比，推测该转变过程与 Cs$_4$PbI$_6$ 中的空位缺陷有关。

图 4.13 中展示了 Cs$_4$PbI$_6$ 的原子构成，Cs$_4$PbI$_6$ 由孤立的 [PbI$_6$]$^{4-}$ 八面体阴离子与两种化学环境的 Cs$^+$ 构成（Cs1 和 Cs2，原子占比为 3:1）。有趣的是，Cs1 和 Cs2 的化学环境恰好对应 γ-CsPbI$_3$ 中的 B 位 Pb^{2+} 和 A 位 Cs$^+$。具体来说，Cs1 周围的 6 个 I 原子配位方式近似铅碘八面体结构，Cs2 与两侧铅碘八面体的两组 I$_3$ 面配位的特征也与 γ-CsPbI$_3$ 的间隙位 Cs$^+$ 类似。在缺 Cs$^+$ 的环境下，Cs$_4$PbI$_6$ 极易产生 V$_{Cs}$ 空位缺陷，尤其在占比为 75% 的 Cs1 位点。而对应钙钛矿相 Pb^{2+} 位的 Cs1 缺陷一旦产

生并被 Pb^{2+} 以错位原子的形式占据（Pb_{Cs1}），该缺陷在 I^- 的参与下会自然地完成 $[PbI_6]^{4-}$ 铅碘八面体配位。同时，Cs2 与另一侧的孤立 $[PbI_6]^{4-}$ 八面体会受到相邻位置新形成的铅碘八面体的库仑排斥作用而远离，使体系弛豫而稳定。简单的两步过程后，Cs_4PbI_6 的原子环境即完全转变为 γ-$CsPbI_3$，该转化过程由 V_{Cs1} 空位缺陷诱导，受热力学能级差驱动，整体表现为 PbI^+ 代替 Cs^+。

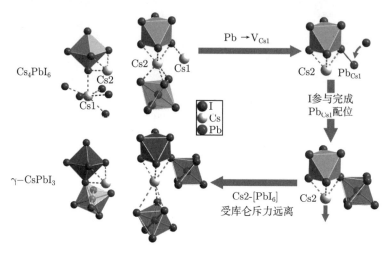

图 4.13　Cs_4PbI_6 中两类 Cs^+ 与 γ-$CsPbI_3$ 中 Pb^{2+} 和间隙 Cs^+ 的化学环境对比，以及 Cs_4PbI_6 中 V_{Cs1} 缺陷诱导 γ-$CsPbI_3$ 生长的机理推测示意图

V_{Cs1} 缺陷诱导 γ-$CsPbI_3$ 生长的机理要求 Cs_4PbI_6 中存在 V_{Cs} 缺陷和过量的可迁移 Pb^{2+}，这也与实验中缺 Cs、富 Pb 的生长环境完全一致。因此，$CsI:PbI_2$ 比例越低，Cs_4PbI_6 中的 V_{Cs} 空位就越多，转化过程就越快，导致产物迅速变黑。而高 Cs/Pb 比的产物虽然不能观察到颜色变化，但如图 4.14 所示，高激发能量下其实也能在 Cs6I 的淡黄色产物中检测到较弱的 PL 信号，但是发光强度低，位置也稍有蓝移，对应尺寸更小且含量更低的 γ-$CsPbI_3$ 纳米结构。这表明 V_{Cs} 缺陷是 Cs_4PbI_6 极易自发产生的缺陷类型，即使在 Cs^+ 过量的反应条件下也会少量存在，并诱导 γ-$CsPbI_3$ 相的转化生长。

总结来看，在提出热力学控制的 V_{Cs} 缺陷诱导 γ-$CsPbI_3$ 自发生长机制后，也能通过控制 V_{Cs} 缺陷浓度对 Cs_4PbI_6 框架中 γ-$CsPbI_3$ 的生长速

第 4 章 γ-CsPbI$_3$ 在 Cs$_4$PbI$_6$ 框架中的自发生长及稳定性研究　　73

率进行有效的热力学调控。在实验上表现为低 CsI:PbI$_2$ 条件下 Cs$_4$PbI$_6$ 产物中 V$_{Cs}$ 缺陷浓度高，γ-CsPbI$_3$ 相快速生长，产物变黑；高 CsI:PbI$_2$ 条件下 Cs$_4$PbI$_6$ 产物中 V$_{Cs}$ 缺陷浓度低，γ-CsPbI$_3$ 相生长缓慢，尺寸小、含量低，产物基本不变色。

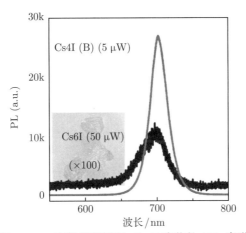

图 4.14　高激发能量下 Cs6I 产物的 PL 光谱

图 4.15 绘制了 Perdew-Burke-Ernzerhof（PBE）交换关联泛函计算的体系中几类结构的总能量，并定性描述了反应的热力学势垒。通常 γ-CsPbI$_3$ 相变至 δ-CsPbI$_3$ 需要跨越的势垒很低（黑色线），相变过程容易发生。而 Cs$_4$PbI$_6$ 无机框架中自发生长的 γ-CsPbI$_3$ 相受刚性框架的约束，需要经过较高的相变势垒才能过渡到 δ-CsPbI$_3$ 相（红色线），因而保证了其相态稳定性。另一方面，虽然纳米尺寸 γ-CsPbI$_3$ 相的转化生长能够通过弥补 V$_{Cs}$ 缺陷的方式降低 Cs$_4$PbI$_6$ 体相的总能量，但产生一定含量的

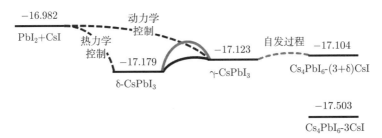

图 4.15　CsI-PbI$_2$ 体系的反应热力学能量示意图（见文前彩图）

γ-CsPbI$_3$ 相后,体系总能量将达到局域最低,使该转化过程趋于平衡。此时尺寸更大、含量更多的 γ-CsPbI$_3$ 相会使体系总能量进一步升高而不稳定,因此体系内 γ-CsPbI$_3$ 的含量最终被维持在较低水平,且与 V$_{Cs}$ 缺陷含量相关。

4.4 γ-CsPbI$_3$ 在 Cs$_4$PbI$_6$ 无机框架中的稳定性评估

4.4.1 热稳定性

在热稳定性方面,如图 4.16 所示,得益于全无机材料自身的热稳定优势,产物在约 540℃才开始失重,表现出本征的热稳定性优势。另外,将 Cs4I 材料在 N$_2$ 手套箱中 300℃加热 10 min 后,虽然样品仍能保持黑色,但可以检测到其 PL 强度明显降低,继续将加热衰降的样品在空气中放置 7 天后,其 PL 信号又回升至加热前的 90% 左右,呈现出类似"自恢复"的现象。根据提出的 γ-CsPbI$_3$ 生长机制,推测 PL 强度的降低是由于高温下部分 γ-CsPbI$_3$ 跨越较高的相变势垒衰降为 δ-CsPbI$_3$ 或者邻近的 γ-CsPbI$_3$ 纳米晶在高温下团聚导致晶界处缺陷态剧增、相变势垒降低而相变,PL 强度的恢复则来自于 Cs$_4$PbI$_6$ 体相中存在未转化的 V$_{Cs}$ 缺陷,原本的转化平衡被破坏,即 γ-CsPbI$_3$ 产物减少后,V$_{Cs}$ 会进一步发生转化试图恢复至原本的 γ-CsPbI$_3$ 含量。

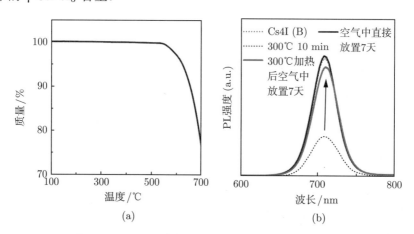

图 4.16 Cs4I 样品的热稳定性分析(见文前彩图)

(a) Cs4I 样品热重分析;(b) Cs4I 样品 300℃加热及在空气中放置恢复后的 PL 谱图对比

4.4.2 环境稳定性

如图 4.17 所示，在空气中 100°C 加热 24 h 后，材料的发光性质，包括 PL 强度、发光位置和半峰宽，仅表现出少量的衰降，相较目前的 γ-CsPbI$_3$ 材料或薄膜而言都有本质上的提升。另外，无论是在空气中放置 30 天的水氧稳定性方面，或是在空气中 1 个模拟太阳光强度下辐照 24 h 的光照稳定性方面，γ-CsPbI$_3$@Cs$_4$PbI$_6$ 结构都表现出较高的稳定程度。

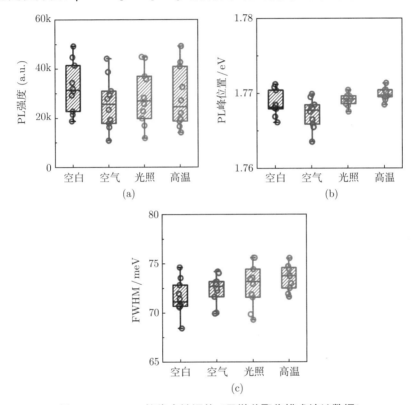

图 4.17 Cs4I 的稳定性评估（显微共聚焦模式统计数据）
(a) PL 强度；(b) 发光位置；(c) 半峰宽

空气：空气中放置 30 天（$T \approx 25°C$，RH$\approx 30\%$）；光照：空气中 1 个模拟太阳光辐照 24 h；加热：空气中 100°C 加热 24 h

γ-CsPbI$_3$@Cs$_4$PbI$_6$ 结构优异的稳定性得益于 Cs$_4$PbI$_6$ 无机框架的保护，包括其对水氧的有效阻隔和有效提高了 γ-CsPbI$_3$ 的相变势垒。在之前的研究报道中，大部分 CsPbI$_3$ 薄膜制备都无法摆脱有机组分，无论是量子点的有机配体包覆,还是组分薄膜的有机离子 A 位掺杂或长链胺的界面作用和维度调控等。即使是完全使用无机组分,也仍较难满足真实的运行稳定性,尤其是高温条件下的相态稳定性。使用过量 CsI 制备 CsPbI$_3$ 薄膜以提高相态稳定性的方法在 Luo 等人的工作中已经表现出优势[232-234],侧面验证了薄膜中 Cs$_4$PbI$_6$ 的诱导和保护作用,相信更精细的调控合成方法会为提高钙钛矿相 CsPbI$_3$ 的高温相态稳定性提供直接有效的解决方案。

4.5 小　　结

本章基于全无机卤素钙钛矿关键材料 γ-CsPbI$_3$ 的相态稳定性,利用 Cs$_4$PbI$_6$ 无机框架室温诱导 γ-CsPbI$_3$ 相自发生长,并系统研究了 γ-CsPbI$_3$@Cs$_4$PbI$_6$ 结构的光电性质、生长机制与结构稳定性。

(1)首次观察到纳米尺度的 γ-CsPbI$_3$ 能够在 Cs$_4$PbI$_6$ 无机框架中自发生长,导致 Cs$_4$PbI$_6$ 相室温放置变色,并通过 TEM 分析和系统的光学性质表征确认其 γ-CsPbI$_3$@Cs$_4$PbI$_6$ 结构。

(2)Cs$_4$I 材料的吸收和发光蓝移、PLE 光谱和 Cs$_4$PbI$_6$ 吸收带互补、激子结合能增大、带隙温度正相关等性质都与 γ-CsPbI$_3$@Cs$_4$PbI$_6$ 结构模型一致。同时,该材料具有极窄的发光峰(室温下半峰宽约为 68 meV,78 K 时为 17 meV),表明其光学性质非常均一。

(3) CsPbX$_3$@Cs$_4$PbX$_6$ (X=Cl, Br, I) 结构的拓展表明该结构在 Cs$_4$PbX$_6$ 体系的普适性,且光学性质具有一致的变化,均符合纳米尺度钙钛矿相 CsPbX$_3$ 的生长行为。结合生长条件控制实验和结构分析,提出热力学控制的 V$_{Cs}$ 缺陷诱导 γ-CsPbI$_3$ 自发生长机制,并揭示缺陷浓度控制 γ-CsPbI$_3$ 生长速率的调控原理。同时,Cs$_4$PbI$_6$ 的刚性无机框架也增加了 γ-CsPbI$_3$ 的相变势垒,保证了其相态稳定性。

(4)该材料具有本征的热稳定性,且在高温衰降后有一定的"自恢复"性,在空气中长期放置、100°C加热和模拟太阳光辐照条件下都能保持较高的稳定性。

第 5 章　全无机二维卤素钙钛矿 $Cs_2PbI_2Cl_2$ 的合成与性质研究

第 4 章针对已知全无机卤素钙钛矿体系中的关键材料 $CsPbI_3$，从热力学控制的角度发展无机框架诱导生长方法，实现稳定相态 $\gamma\text{-}CsPbI_3@Cs_4PbI_6$ 结构的材料制备与光电性质探究。在理解和完善已知材料体系的同时，探索新型全无机卤素钙钛矿材料也具有重要的研究意义。但如引言所述，目前报道的新材料体系，如双钙钛矿和有序空位钙钛矿，一直存在电子维度过低的问题。因此，借助维度调控的思想理性探索高电子维度的全无机二维卤素钙钛矿结构是一种重要的研究思路。

本章以探索新型全无机卤素钙钛矿材料体系为目标，理性探索二维卤素钙钛矿结构的模型体系 Cs_2PbX_4 (X=Cl, Br, I)，采用固相合成法制备体系的热力学稳定结构，表征光电性质并探索应用潜力，在拓展新材料结构的同时深入理解二维卤素钙钛矿结构的稳定性，为制备本征稳定的全无机卤素钙钛矿新材料提供思路。

5.1　模型体系 Cs_2PbX_4 (X=Cl, Br, I) 的探索合成与热力学稳定性研究

5.1.1　Cs_2PbX_4 (X=Cl, Br, I) 体系的探索合成

固相合成是制备热力学稳定结构的有效方法，通过熔融化学计量比的反应物卤化铯和卤化铅盐，并缓慢冷却得到产物。XRD 分析得到的 Cs_2PbX_4 (X=Cl, Br, I) 体系的产物组成见表 5.1。

表 5.1 Cs_2PbX_4 (X=Cl, Br, I) 体系固相合成产物的相组成

预期产物化学式	反应物配比	产物相组成
Cs_2PbCl_4	$2CsCl+PbCl_2$	$CsPbCl_3+Cs_4PbCl_6$
Cs_2PbBr_4	$2CsBr+PbBr_2$	$CsPbBr_3+Cs_4PbBr_6$
Cs_2PbI_4	$2CsI+PbI_2$	$CsPbI_3+Cs_4PbI_6$
$Cs_2PbBr_2Cl_2$	$2CsCl+PbBr_2$ / $2CsBr+PbCl_2$	$CsPbBr_{3-x}Cl_x+Cs_4PbBr_{6-y}Cl_y$ [a]
$Cs_2PbI_2Br_2$	$2CsBr+PbI_2$ / $2CsI+PbBr_2$	$CsPbI_{3-x}Br_x+Cs_4PbI_{6-y}Br_y$ [b]
$Cs_2PbI_2Cl_2$	$2CsCl+PbI_2$ / $2CsI+PbCl_2$	$Cs_2Pb_2I_2Cl_2$

注：a, b $0<x<3, 0<y<6$。

从反应结果可以看出，无论使用单一卤素来源制备 Cs_2PbX_4 还是相邻卤素 Cl/Br 和 Br/I 制备 $Cs_2PbX_2Y_2$，反应产物均为三维钙钛矿相 $CsPbX_3$（除 $CsPbI_3$ 生成黄色 δ 相）和零维非钙钛矿相 Cs_4PbX_6 的混合物或相应的固溶体混合物，并没有新化合物生成，和 $CsX-PbX_2$ 体系中的热力学稳定产物相符。

唯一的例外发生在使用非相邻卤素 Cl/I 的 $Cs_2PbI_2Cl_2$，其产物 XRD 无已知相可以对应，但 9.3° 处的低角度衍射峰恰好与二维卤素钙钛矿的特征峰相符。从产物中挑选单晶进行单晶 XRD 分析，得到如图 5.1 所示的

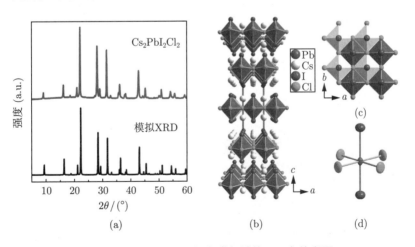

图 5.1 $Cs_2PbI_2Cl_2$ 的合成与结构（见文前彩图）

(a) $Cs_2PbI_2Cl_2$ 的 PXRD 谱图；(b) 沿 b 方向的晶体结构；(c) 沿 c 方向的晶体结构（具有 [1/2,1/2] 位移的相邻层用不同颜色区分）；(d) 结构单元 $[PbI_2Cl_4]^{4-}$

全新结构 $Cs_2PbI_2Cl_2$。该结构为 K_2NiF_4 晶型,由对称的 $[PbI_2Cl_4]^{4-}$ 八面体结构单元通过面内 Cl^- 共点连接构成二维 $[PbI_2Cl_2]_n^{2n-}$ 面,面外为孤立的 I^-,层间由 Cs^+ 填充平衡电荷,属于单层 Ruddlesden-Popper (RP) 结构的二维卤素钙钛矿,晶体参数见表 5.2。

表 5.2 $Cs_2PbI_2Cl_2$ 的晶体学参数

化学式	$Cs_2PbI_2Cl_2$
温度	293 K
晶系	四方
空间群	$I4/mmm$ (139)
晶胞参数	$a = 5.6385(8)$ Å, $\alpha = 90°$ $b = 5.6385(8)$ Å, $\beta = 90°$ $c = 18.879(4)$ Å, $\gamma = 90°$
Pb-Cl 键长/Å	2.82
Pb-I 键长/Å	3.17

5.1.2 Cs_2PbX_4 (X=Cl, Br, I) 体系的热力学稳定性

实验结果表明,$Cs_2PbI_2Cl_2$ 是 Cs_2PbX_4 (X=Cl, Br, I) 体系唯一可合成的热力学稳定的二维卤素钙钛矿产物。为了验证这一点,本节进一步结合 DFT 理论计算进行验证。图 5.2 为 Cs_2PbX_4 (X=Cl, Br, I) 体系可能存在的 9 种化合物(不包含卤素无序结构)的计算结果,可以分为如示意结构所示的三种类型:① 单一卤素的 Cs_2PbX_4;② 混合卤素且小尺寸卤素离子 Y 在面内的 $Cs_2PbX_2Y_2$;③ 混合卤素且大尺寸卤素离子 X 在面内的 $\beta\text{-}Cs_2PbX_2Y_2$。

通过优化结构计算化合物能量,然后计算可能发生的分解反应的热力学焓变 ΔH_d 来判断化合物是否会分解,从而考察构建的结构是否是热力学稳定的。对于 $CsX\text{-}PbX_2$ (X=Cl, Br, I) 体系,可能发生的分解反应有两种类型,分别是:①分解为反应物的卤化物盐;②分解为 $CsPbX_3$ 和 Cs_4PbX_6。考虑混合卤素离子的产物,这两类分解产物也可以交换卤素构成,反应如下:

$$Cs_2PbX_4 \longrightarrow 2CsX + PbX_2 \quad (5\text{-}1)$$

$$Cs_2PbX_2Y_2 \longrightarrow 2CsY + PbX_2 \quad (5\text{-}2)$$

$$Cs_2PbX_2Y_2 \longrightarrow 2CsX + PbY_2 \quad (5\text{-}3)$$

$$\text{Cs}_2\text{PbX}_4 \longrightarrow \frac{2}{3}\text{CsPbX}_3 + \frac{1}{3}\text{Cs}_4\text{PbX}_6 \tag{5-4}$$

$$\text{Cs}_2\text{PbX}_2\text{Y}_2 \longrightarrow \frac{2}{3}\text{CsPbY}_3 + \frac{1}{3}\text{Cs}_4\text{PbX}_6 \tag{5-5}$$

$$\text{Cs}_2\text{PbX}_2\text{Y}_2 \longrightarrow \frac{2}{3}\text{CsPbX}_3 + \frac{1}{3}\text{Cs}_4\text{PbY}_6 \tag{5-6}$$

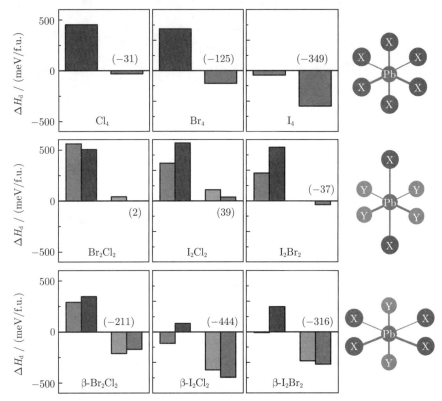

图 5.2 DFT 计算的 Cs_2PbX_4 (X=Cl, Br, I) 体系不同结构的分解反应 ΔH_d (见文前彩图)

右列为结构类型示意图。图中灰色柱表述 A 类反应（浅灰 A-1，灰 A-2），红色柱表述 B 类反应（浅红 B-1，红 B-2），括号内的数字标注出各分解反应中能量最低的反应焓变值

当 $\Delta H_\text{d} < 0$ 时，在热力学上会自发进行，因此若存在 $\Delta H_\text{d} < 0$ 的分解反应，则表明该结构的化合物是热力学不稳定的（严格来讲应该用反应的吉布斯自由能（ΔG）来判断，但一方面在温度不太高时，$\Delta G = \Delta H - T\Delta S$

中的熵变项 ΔS 一般比焓变小的多,另一方面对于同类型的体系,ΔH 足够提供趋势性的判断,且从目前的文献结果来看,该方法具有较好的普适性[159-160,235-236])。从图 5.2 的结果可以看出,在所有 9 种化合物中,只有面内为小尺寸卤素离子的 $Cs_2PbI_2Cl_2$ 和 $Cs_2PbBr_2Cl_2$ 能够保证所有分解反应的 $\Delta H_d>0$,反应物是热力学稳定的。进一步来看,ΔH_d 的评价方法一般会选择 20 meV/f.u. 的条件作为下限以保证可靠的热力学稳定性[236],并且如果考虑表 5.1 中的实际反应情况,即 $Cs_2PbBr_2Cl_2$ 配比下的产物为固溶体混合物,那么 B 类反应的产物能量会由于熵效应进一步降低,其原本极小的 ΔH_d 值将下降为负值,从这两点上可以排除 $Cs_2PbBr_2Cl_2$ 作为热力学稳定结构的可能性。综合来看,计算结果和实验结果表明 $Cs_2PbI_2Cl_2$ 是 Cs_2PbX_4 (X=Cl, Br, I) 体系中唯一热力学稳定且可合成的二维卤素钙钛矿。

5.1.3 $Cs_2PbI_2Cl_2$ 的热力学稳定性

为了理解 $Cs_2PbI_2Cl_2$ 的热力学稳定性,本节首先计算分析了其电子能带结构。使用 HSE06 杂化泛函并考虑自旋轨道耦合(SOC)计算能带结构,如图 5.3 所示,计算结果表明 $Cs_2PbI_2Cl_2$ 为直接带隙,导带底(CBM)和价带顶(VBM)都位于 M 点 (1/2,1/2,0),E_g=2.41 eV。局部态密度(DOS)图表明,其 CBM 主要由 Pb 的 6p 电子态构成,VBM 主要由 Pb 6s-I 5p/Cl 3p 反键电子态构成,和二维结构 $MA_2Pb(SCN)_2I_2$ 及三维结构 $CsPbCl_3/CsPbI_3$ 类似[237-239],表明该材料由于 B 位 Pb^{2+} 的连续性,在结构维度和电子维度上都具有一致的二维属性。

能带结构分析能够进一步解释为什么 $Cs_2PbI_2Cl_2$ 会采取 Cl 在面内、I 在面外的构型,而非相反的假想 β-$Cs_2PbI_2Cl_2$ 结构。一个化合物的总能量由其电子最高占据态决定,对 $Cs_2PbI_2Cl_2$ 和 β-$Cs_2PbI_2Cl_2$ 而言取决于 VBM 附近的能带构成(图 5.4)。两类结构的 VBM 均主要由 Pb 6s-I 5p 和 Pb 4s-Cl 3p 反键轨道占据,但 Pb 6s 与 I 5p 能量相比 Cl 3p 更接近,所以 Pb 6s-I 5p 组合得到的反键态分子轨道能量更高,因此 $Cs_2PbI_2Cl_2$ 和 β-$Cs_2PbI_2Cl_2$ 的能量差别将来源于 Pb 6s-I 5p 反键耦合的程度。①Pb-I 配位状况方面,对于 I 在面内、Cl 在面外的假想 β-$Cs_2PbI_2Cl_2$,每个八面体中

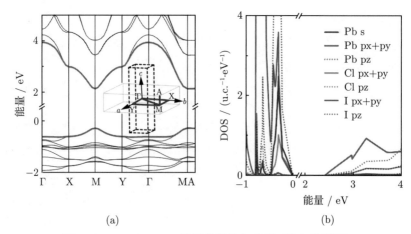

图 5.3 CsPbI$_2$Cl$_2$ 的能带结构与分析（见文前彩图）

(a) HSE+SOC 计算的 Cs$_2$PbI$_2$Cl$_2$ 电子能带结构（如小图所示沿布里渊区内的 Γ (0,0,0)-X (0,1/2,0)-M (1/2,1/2,0)-Y (1/2,0,0)-Γ (0,0,0)-M (1/2,1/2,0)-A (1/2,1/2,1/2) 方向绘制）；(b) 局部态密度（DOS）图

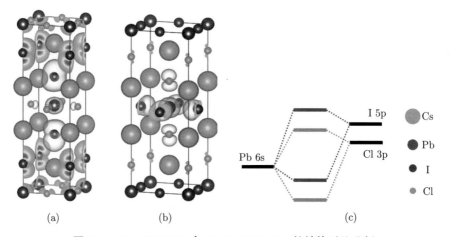

图 5.4 Cs$_2$PbI$_2$Cl$_2$ 与 β-Cs$_2$PbI$_2$Cl$_2$ 的结构对比分析

(a) Cs$_2$PbI$_2$Cl$_2$ 的 VBM 电子密度分布图；(b) 假想结构 β-Cs$_2$PbI$_2$Cl$_2$ 的 VBM 电子密度分布图；(c) Pb 6s-I 5p 和 Pb4s-Cl 3p 的分子轨道能示意图

有 4 个 Pb-I 配位，且八面体在面内共顶点连续排列，所以 Pb 6s-I 5p 耦合强且连续；而对于 Cl 在面内、I 在面外的 Cs$_2$PbI$_2$Cl$_2$，每个八面体中只有两个 Pb-I 配位，且在面外方向并不连续，所以 Pb-I 轨道耦合也不连续。②Pb-I 键长方面，优化得到的 β-Cs$_2$PbI$_2$Cl$_2$ 结构中 Pb-I 键长略小于

第 5 章　全无机二维卤素钙钛矿 $Cs_2PbI_2Cl_2$ 的合成与性质研究

$Cs_2PbI_2Cl_2$，进一步增加了耦合程度。综上所述，β-$Cs_2PbI_2Cl_2$ 结构的能量更高、更不稳定（-26.282 eV/f.u.），体系倾向于形成 Cl 在面内、I 在面外的 $Cs_2PbI_2Cl_2$ 构型（-26.765 eV/f.u.），I/Cl 固定且特殊的晶体学占位决定了其能够成为该体系唯一热力学稳定的二维卤素钙钛矿结构。

总结来看，从维度调控的思想出发，本书的研究合成了首个全无机二维卤素钙钛矿材料 $Cs_2PbI_2Cl_2$，填补了该结构在全无机卤素钙钛矿结构体系下的空白（表 5.3）。该结构的特殊性来自其固定的非相邻 I/Cl 晶体学占位方式，这种占位保证了结构的热力学稳定性。

表 5.3　结构维度调控的卤素钙钛矿材料体系 [70, 215, 240–245]

	3D	2D	1D	0D（非钙钛矿）
有机–无机杂化	α-$FAPbI_3$	$(C_4H_9NH_3)_2PbI_4$	$(NH_2C(I)=NH_3)_3PbI_5$	$MA_4PbI_6 \cdot 2H_2O$
全无机	α-$CsPbI_3$	$Cs_2PbI_2Cl_2$	$[Rb_6I(Sn_2F_5)_2]SnI_5$	Cs_4PbI_6

5.2　$Cs_2PbI_2Cl_2$ 的光电性质与响应性研究

5.2.1　单晶生长与光学性质表征

普通固相合成过程由于冷却速率较快（约 20°C/h），会导致 $Cs_2PbI_2Cl_2$ 产物中混有 δ-$CsPbI_3$ 或 Cs_4PbI_6 杂质。为了制备纯相大尺寸单晶以用于表征和应用探究，使用缓冷法在立式双温管式炉中缓慢下降生长晶体（高温区：500°C，低温区：350°C，下降速率：7 mm/h），该方法可以得到厘米级的淡黄色透明单晶，并且由于二维卤素钙钛矿的层状特性，晶体极易通过机械剥离的方法解离为有洁净表面的片状晶体。

利用纯相的晶体材料分析 $Cs_2PbI_2Cl_2$ 的光学性质。如图 5.5 所示，$Cs_2PbI_2Cl_2$ 的带隙为 3.04 eV，边界陡峭清晰符合直接半导体吸收特征。吸收边带伴有激子吸收肩峰，利用高斯拟合可以很好地匹配峰形，并且得到 3.02 eV 的吸收峰位置，与 PL 发光位置 3.01 eV 相近。受量子限域和介电限域的共同作用，强烈的激子吸收峰是有机-无机杂化二维卤素钙钛矿的显著特征[172,174]。但是和杂化体系不同，$Cs_2PbI_2Cl_2$ 的激子吸收峰强度较弱，这是由于相较于杂化钙钛矿铅卤层与层外有机离子较大的介电差异，全无机钙钛矿铅卤层与层外 Cs^+ 介电差异很小，层内电子空穴对受到的库仑力屏蔽作用较低，介电限域效应变弱，使材料的激子结合能下降，激子吸收特征减弱[246-247]，因此其 PL 强度也相对较弱。从变温 PL 谱图（图 5.5(b)）中可以看到，在降温过程中，室温下的 PL 峰发光强度增强但位置基本不变，降至 180 K 以下时，在低能量拖尾部分开始出现一个很宽的 PL 发光峰。由于在低温单晶衍射测试中（100 K）并未观测到晶型和原子坐标的变化，因此这一 PL 宽峰很可能来自于自限域激子（STE）发光[248-249]。

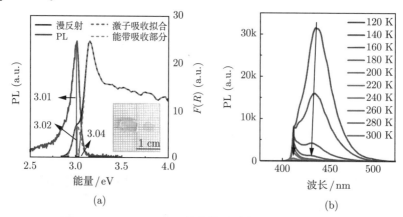

图 5.5　$Cs_2PbI_2Cl_2$ 的光学性质表征（见文前彩图）

(a) 紫外-可见光漫反射光谱和 PL 谱图（红色虚线为拟合激子吸收峰，灰色虚线扣除激子吸收贡献描述带边吸收）；(b) 变温 PL 谱图（激发波长：340 nm）

5.2.2　紫外光电响应性

材料如果具有较大的带隙则无法实现光伏应用，但带边原子轨道连续性表明材料具有较高的二维电子维度，因此理论上具有良好的光电性质，

第 5 章 全无机二维卤素钙钛矿 $Cs_2PbI_2Cl_2$ 的合成与性质研究

本节首先在光电响应方面验证其载流子输运性质和应用潜力。光电响应是卤素钙钛矿材料的重要应用方向，无论光伏、光探测器还是相关的光耦应用，都依赖于光电响应下光生载流子的有效传输，而卤素钙钛矿优异的载流子传输性质本质上来自于其高度展宽的能带结构，这一点与 $Cs_2PbI_2Cl_2$ 十分相符 (图 5.3(a))。表 5.4 计算分析了 $Cs_2PbI_2Cl_2$ 的电子空穴有效质量，可以看到其面内电子空穴有效质量较小，与三维体系 $CsPbCl_3$ 和 $MAPbI_3$ 相近，而面外电子空穴质量非常大，具有典型的各向异性传输性质，能够保证有效的面内电子空穴输运。

表 5.4 计算的 $Cs_2PbI_2Cl_2$ 的有效电子空穴质量

		m_e^*/m_0	m_h^*/m_0
$Cs_2PbI_2Cl_2$	面内 (a/b 方向)	0.237	0.531
	面外 (c 方向)	19.254	7.511
$CsPbCl_3$[238]		0.28	0.18
$MAPbI_3$[239]		0.25	0.19

为了验证 $Cs_2PbI_2Cl_2$ 的光响应性，在新鲜剥离的单晶表面蒸镀叉指电极并测试其在紫外光 (UV) 下的伏安特性。首先，剥离晶面的 XRD 谱图表明其自然解理面为 $(00l)$ 晶面 (图 5.6)，恰好为电荷传输方向的二维面，这是光生载流子有效传输的保证。如图 5.7 所示，在黑暗条件下，材

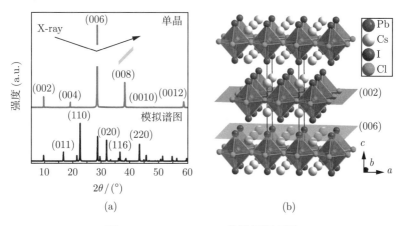

图 5.6 $Cs_2PbI_2Cl_2$ 的单晶解理面

(a) $Cs_2PbI_2Cl_2$ 的单晶解理面 XRD 谱图；(b) $Cs_2PbI_2Cl_2$ 择优生长的 $(00l)$ 晶面

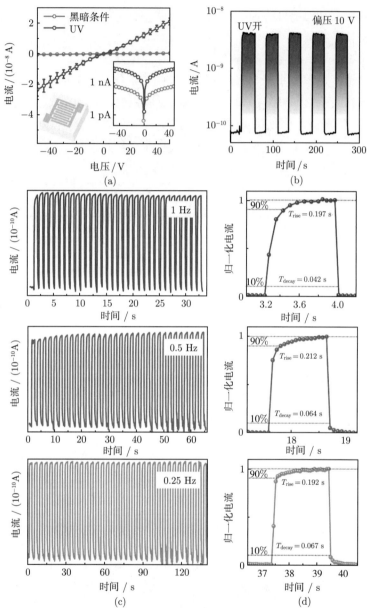

图 5.7 Cs$_2$PbI$_2$Cl$_2$ 单晶器件的紫外响应性质

(a) Cs$_2$PbI$_2$Cl$_2$ 单晶器件的紫外响应伏安曲线（UV 365 nm, 0.6 mW/cm^2，插图为叉指电极示意图和对数坐标图）；(b) 偏压下的开关循环测试；(c) 1 Hz, 0.5 Hz, 0.25 Hz 下的光响应开关测试；(d) 1 Hz, 0.5 Hz, 0.25 Hz 下光响应开关测试对应的响应时间

料的电阻率约为 3.1×10^{11} $\Omega \cdot cm$,表明材料本身具有极低的本征载流子浓度。在 0.6 mW/cm^2 的紫外光（365 nm）辐照下，电阻率下降了约两个数量级至 7.5×10^9 $\Omega \cdot cm$ 左右，重复开关下也表现出良好的响应性特征，没有明显的随时间衰降的现象。在不同的频率下，器件表现出可靠的光开关响应性，上升时间（T_{rise}：电流上升至 90%）和下降时间（T_{decay}：电流下降至 10%）分别为 0.2 s 左右和 0.06 s 左右，响应速度较快，表明材料的本征缺陷很少，载流子能被有效提取传输。

5.2.3 α 粒子响应性

利用 Cs$_2$PbI$_2$Cl$_2$ 的大原子序数和高电阻率、载流子传输快及低缺陷态，本节使用 ^{241}Am α 粒子源（E_k=5.49 MeV）验证其辐射探测的应用潜力[250-252]。与光响应的持续能量输入方式不同，α 粒子探测的运行模式为脉冲模式，脉冲周期内激发的电子空穴会在外加电场下分离、收集以进行多通道分析。如图 5.8 所示，Cs$_2$PbI$_2$Cl$_2$ 单晶器件在面内结构时对 α 粒子有明显的计数响应性，而面外结构基本没有响应，这也和材料的各向异性传输性质一致。α 粒子响应性表明 Cs$_2$PbI$_2$Cl$_2$ 具有成为宽带隙半导体辐射探测器的潜力，丰富了半导体辐射探测领域的材料体系。

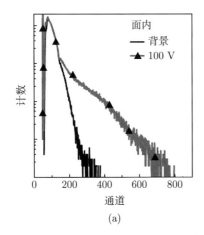
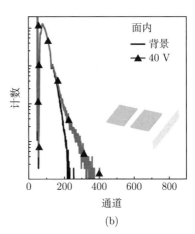

图 5.8 Cs$_2$PbI$_2$Cl$_2$ 单晶器件的 ^{241}Am α 粒子探测计数响应性

(a) 面内结构——100 V 偏压；(b) 面内结构——40 V 偏压（插图为电极结构示意图）；

(c) 面外结构——100 V 偏压（插图为单晶器件，背景为 1 英寸方格纸）；

(d) 探测装置中连接器件的铅盒

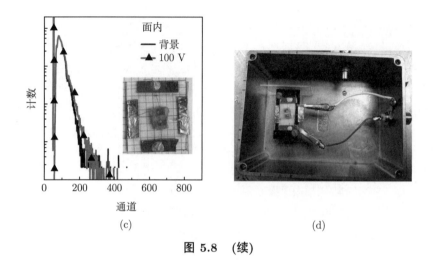

图 5.8 （续）

从紫外光响应和 α 粒子响应的初步探究结果可以看出，$Cs_2PbI_2Cl_2$ 作为宽带隙半导体虽然不适合光伏应用，但其光电响应快、载流子传输性质好，且具有本征的热力学稳定性，因此可能在光电探测和辐射探测等领域具有新的应用潜力。

5.3 $Cs_2PbI_2Cl_2$ 材料体系的结构拓展

在理解了 $Cs_2PbI_2Cl_2$ 材料的热力学稳定性和光电性质后，本书对新型全无机二维卤素钙钛矿材料体系进行结构拓展。上文以卤素 X 位的探索开始研究，认识到固定的 I/Cl 晶体学占位对于二维卤素钙钛矿结构十分重要，本节主要针对 B 位和 A 位离子进行拓展研究。

5.3.1 B 位拓展：B= Sn^{2+} 及 $Cs_2Pb_xSn_{1-x}I_2Cl_2$ 固溶液

除了 Pb^{2+}，一般研究较多的 B 位离子还有 Sn^{2+}。使用固相合成法制备 $Cs_2SnI_2Cl_2$，和 $Cs_2PbI_2Cl_2$ 类似，$Cs_2SnI_2Cl_2$ 产物组成中一般也会存在少量 $CsSnI_3$ 杂质，使产物块体呈黑色，但研磨后粉末为材料本身的黄色。挑选单晶解析晶体结构可以看到，$Cs_2SnI_2Cl_2$ 和 $Cs_2PbI_2Cl_2$ 的结构类型完全一致，晶体参数对比见表 5.5，B=Sn^{2+} 时仍能维持二维卤素钙钛矿结构。相较于 $Cs_2PbI_2Cl_2$，$Cs_2SnI_2Cl_2$ 的晶胞体积变小，a,b 方向变窄但 c 方向变长。图 5.9(c) 和图 5.9(d) 分别为 $Cs_2SnI_2Cl_2$ 的漫反射光谱和 PL 发光性

第 5 章 全无机二维卤素钙钛矿 $Cs_2PbI_2Cl_2$ 的合成与性质研究

表 5.5 $Cs_2SnI_2Cl_2$ 和 $Cs_2PbI_2Cl_2$ 晶体学参数对比

	$Cs_2SnI_2Cl_2$	$Cs_2PbI_2Cl_2$
温度	293 K	
空间群	$I4/mmm$	
a/Å	5.5905(3)	5.6385(8)
b/Å	5.5905(3)	5.6385(8)
c/Å	18.8982(1)	18.879(4)
晶胞体积/Å^3	590.6	600.2

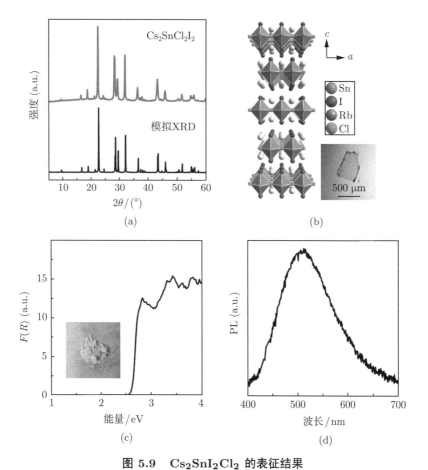

图 5.9 $Cs_2SnI_2Cl_2$ 的表征结果

(a) PXRD 谱图；(b) 单晶结构（插图为单晶照片）；(c) 紫外-可见光漫反射光谱（插图为粉末照片）；(d) PL 光谱（激发波长：375 nm）

质，其带隙为 2.62 eV，受介电限域效应减弱影响，其 PL 发光强度较弱，与 $Cs_2PbI_2Cl_2$ 类似。

进一步研究混合 Pb/Sn 制备的固溶液 $Cs_2Pb_xSn_{1-x}I_2Cl_2$ $(0 < x < 1)$。从图 5.10 可以看出，固溶液的晶体常数 a 和 b 随着体系中 Pb 含量的增加逐渐增大，c 逐渐减小，基本呈线性变化。但是带隙变化并不是线性的，而是呈现随 Pb 含量的增加先下降后上升的趋势，在固溶区 (x=0.25, 0.5, 0.75) 时带隙由 $Cs_2SnI_2Cl_2$ 的 2.62 eV 减小至约 2.53 eV，然后迅速增加至 $Cs_2PbI_2Cl_2$ 的 3.01 eV。这种非线性变化趋势和三维体系 $MAPb_xSn_{1-x}I_3$ 一致，主要由引入重原子 Pb 过程中体系旋轨耦合的变化造成[253]。

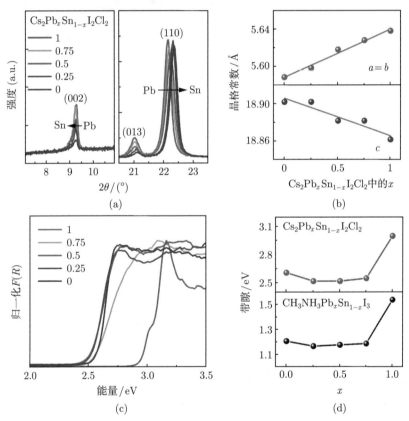

图 5.10 固溶液 $Cs_2Pb_xSn_{1-x}I_2Cl_2$ (x=0, 0.25, 0.5, 0.75, 1) 的表征结果（见文前彩图）

(a) PXRD 谱图选区；(b) 晶格常数变化；(c) 紫外-可见光漫反射光谱；(d) 带隙变化（对比 $MAPb_xSn_{1-x}I_3$[253]）

5.3.2 A 位拓展: A=Rb$^+$ 及 A 位离子尺寸的影响

A 位离子尺寸是卤素钙钛矿材料结构构成中的重要因素，受限于容忍因子 t，能够满足三维卤素钙钛矿结构构建的 A 位无机离子只有 Cs$^+$。得益于 Cs$_2$MI$_2$Cl$_2$ (M=Pb, Sn) 全无机二维卤素钙钛矿结构的合成，二维结构中 A 位无机离子的选择可以得到实验室的验证。从图 5.11 的结果可以看出，替换固相合成过程中的 Cs$^+$ 为 Rb$^+$ 得到的 Rb$_2$MI$_2$Cl$_2$ (M=Pb, Sn) 产物中，Rb$^+$ 的引入使无论 Pb 还是 Sn 体系的二维卤素钙钛矿结构均被瓦解，Pb/Sn 的八面体配位结构也发生了变化，变为由孤立阴离子 [PbCl$_5$]$^{3-}$ 和 [SnCl$_3$I$_2$]$^{3-}$ 构成的零维非钙钛矿相，这说明二维和三维卤素钙钛矿体系类似，A 位离子的尺寸对结构稳定性影响很大。

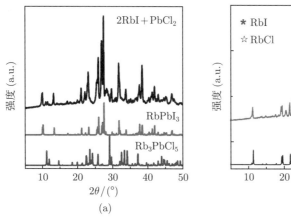
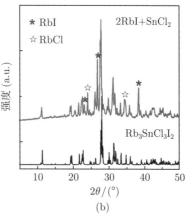

图 5.11 A 位离子替换的合成产物分析

(a) 固相合成 Rb$_2$PbI$_2$Cl$_2$ 的产物 PXRD 分析；(b) 固相合成 Rb$_2$SnI$_2$Cl$_2$ 的产物 PXRD 分析

虽然 Rb$^+$ 的引入无法维持卤素钙钛矿八面体共点连接的结构，但是 [SnCl$_3$I$_2$]$^{3-}$ 阴离子的形成表明 Sn^{2+} 的配位形式更加丰富。调节合成过程中的 Cl/I 比例，在 Cl/I=4 时 Sn 体系会生成一种近似二维的类钙钛矿结构 A$_4$Sn$_3$I$_2$Cl$_8$ (A=Cs, Rb)，二维铅卤框架由非中心对称的 [PbI$_2$Cl$_4$]$^{4-}$ 结构单元通过混合共点共边的形式连接构建，A 位阳离子占据层间间隙和层外平衡电荷。Nazarenko 等人之后也在 Br/I 体系发现了类似的结构 Cs$_8$Sn$_6$Br$_{13}$I$_7$[254]。由于八面体结构扭曲，层间 A 位离子间隙形变，该结构

可以部分容纳 Rb^+ 的填充以维持 Cs/Rb 比例大于 1 时的计量配比，即 $Cs_{4-x}Rb_xSn_3I_2Cl_8$ ($0 \leqslant x < 2$)（化学配比 Cs/Rb=1 时，单晶解析化学式为 $Cs_{2.38}Rb_{1.62}Sn_3I_2Cl_8$，与 EDS 结果 $Cs_{2.2}Rb_{1.8}$ 接近）。但是类似地，进一步增加 Rb^+ 的含量，该结构也会失去结构维度，生成由 $[SnCl_3]_4^{4-}$ 单元、孤立 $[SnI_6]^{4-}$ 和 $[IRb_6]^{5+}$ 构成的低维非钙钛矿结构 $Rb_7Sn_{4.25}Cl_{12}I_{3.5}$。图 5.12 为 $A_xSnI_yCl_z$ (A=Cs, Rb) 体系化合物的结构维度与 A 位离子的关系，新化合物的晶体结构描述不再详细展开，请参考文献 [255]。

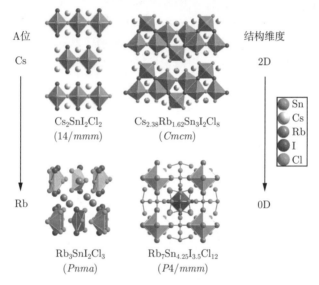

图 5.12 Cs/Rb-Sn-I/Cl 体系化合物的结构维度与 A 位离子的关系（见文前彩图）

5.3.3 高层数的全无机二维卤素钙钛矿材料探索

对于有机-无机杂化二维卤素钙钛矿体系 $(RNH_3)_2(A)_{n-1}B_nX_{3n+1}$，调节二维面的八面体层数 n 能够有效调节材料带隙[174]。本节进一步尝试探究 $Cs_2PbI_2Cl_2$ 体系中是否存在八面体层数为 n 的二维结构 $(A_1)_2(A_2)_{n-1}Pb_nI_{n+1}Cl_{2n}$（$I^-$ 占据所有八面体 c 方向卤素位，参与八面体 c 方向的共点连接）或 $(A_1)_2(A_2)_{n-1}Pb_nI_2Cl_{3n-1}$（$I^-$ 仅占据面外卤素位，不参与共点连接），这对全无机二维卤素钙钛矿材料体系来说相当于多了一个可调节的参数。但遗憾的是，无论全部使用 Cs^+ 作为层间离子（A_1）

和间隙离子(A_2),还是使用 Cs^+ 作为层间离子、Rb^+ 作为间隙离子(A_2),都没有新的二维结构产生。这表明与有机–无机杂化二维卤素钙钛矿体系不同,全无机体系在间隔离子尺寸的影响下热力学稳定性更加受限,在引言部分的理性设计过程中已经考虑到。不过有趣的是,最近 Akkerman 等人制备了 $Cs_2PbI_2Cl_2$ 纳米颗粒,在高分辨 TEM 下观测到颗粒外部存在双层($n=2$)的 $Cs_3Pb_2I_2Cl_5$ 层[256],这表明纳米效应可能有利于稳定制备的高层数全无机二维卤素钙钛矿结构。

总结来看,$Cs_2PbI_2Cl_2$ 材料体系可以拓展到 B 位为 Sn^{2+} 的结构。和三维体系类似,A 位离子尺寸对二维卤素钙钛矿的结构稳定性影响很大,目前来看该体系只能形成 A 位离子为 Cs^+ 的单层($n=1$)热力学稳定结构。

5.4 $Cs_2MI_2Cl_2$ (M=Pb, Sn) 的稳定性评估

5.4.1 热稳定性

如图 5.13 所示,得益于材料的全无机组分和热力学稳定性,$Cs_2PbI_2Cl_2$ 和 $Cs_2SnI_2Cl_2$ 具有一致的共熔本征热稳定性。差热分析(differential thermal analysis,DTA)结果显示,二者在 300℃以下均无相变和分解。$Cs_2PbI_2Cl_2$ 的熔点为 421℃,热分析前后 XRD 谱图一致。需要说明的是,

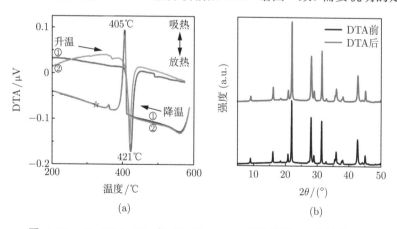

图 5.13 $Cs_2PbI_2Cl_2$ 与 $Cs_2SnI_2Cl_2$ 的热分析(见文前彩图)
(a) $Cs_2PbI_2Cl_2$ 的 DTA 曲线;(b) $Cs_2PbI_2Cl_2$ DTA 测试前后的 PXRD 谱图;
(c) $Cs_2SnI_2Cl_2$ 的 DTA 曲线;(d) $Cs_2SnI_2Cl_2$ DTA 测试前后的 PXRD 谱图

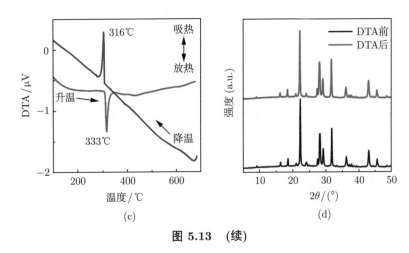

图 5.13 （续）

第一次升温熔化后的降温过程即有 CsPbI$_3$ 析出，且两次循环过程的杂质放热峰位置一致，约为 358℃，比 CsPbI$_3$ 的熔点低，这可能是 CsPbI$_3$ 和含氯组分的低共熔析出特征[257]。上文已经提到，杂质相的析出与降温速率过快直接相关，并不是热分解造成的。Cs$_2$SnI$_2$Cl$_2$ 的熔点为 333℃，热分析前后 XRD 谱图一致，也无热分解。

5.4.2 环境稳定性

如图 5.14 所示，在环境稳定性方面，Cs$_2$PbI$_2$Cl$_2$ 也表现良好，材料在空气中放置 4 个月后 XRD 谱图显示无分解物相产生（$T \approx 25℃$，RH $\approx$

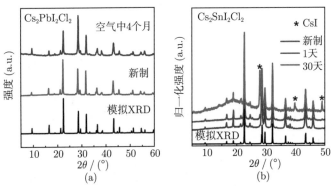

图 5.14 Cs$_2$PbI$_2$Cl$_2$ 与 Cs$_2$SnI$_2$Cl$_2$ 的环境稳定性（见文前彩图）
(a) Cs$_2$PbI$_2$Cl$_2$ 在空气中（$T \approx 25℃$，RH $\approx 65\%$）放置后的 PXRD 谱图；
(b) Cs$_2$SnI$_2$Cl$_2$ 在空气中（$T \approx 25℃$，RH $\approx 65\%$）放置后的 PXRD 谱图；
(c) Cs$_2$SnI$_2$Cl$_2$ 粉末和单晶在空气中放置一个月的变化

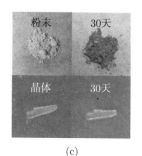

(c)

图 5.14 （续）

65%）。不过需要指出的是，在空气中长时间放置后晶体颜色会加深且主要在晶体边缘发生，这可能和卤化物在光照下的衰降有关，因此可以避光保存，也可以在使用前机械切除并剥离新表面。锡基钙钛矿的空气稳定性一直是难以解决的问题，通常接触空气后会迅速被氧化，但是 $Cs_2SnI_2Cl_2$ 在空气中放置时体相材料受到的影响较小。粉末状态下材料对水汽稍敏感，一天后开始产生分解产物 CsI，一个月后粉末颜色变为深黄色，和深色的 Sn^{4+} 氧化产物有关。不过单晶 $Cs_2SnI_2Cl_2$ 在空气中的状态比粉末稳定的多，一个月后仍能保持黄色和一定的透明性。因此，$Cs_2SnI_2Cl_2$ 是目前报道的锡基卤素钙钛矿中稳定性最好的结构之一。

5.5 小　　结

本章借助维度调控的思想，探索合成具有本征热稳定性的新型全无机二维卤素钙钛矿 $Cs_2PbI_2Cl_2$，采用缓冷法生长晶体并表征光电性质，探索响应性应用的新方向，并系统拓展材料结构，理解二维卤素钙钛矿的结构稳定性。

（1）利用固相合成法探索模型体系 Cs_2PbX_4 (X=Cl, Br, I)，合成了首个全无机二维卤素钙钛矿结构的 $Cs_2PbI_2Cl_2$。结合实验和理论计算证明 $Cs_2PbI_2Cl_2$ 是该体系中唯一热力学稳定且可制备的结构。

（2）利用缓冷法制备大尺寸 $Cs_2PbI_2Cl_2$ 单晶，表征其光电性质，并验证其单晶器件在面内方向具有快速的紫外光响应和有效的 α 粒子计数响应性，具有光电响应和辐射探测的应用潜力。

(3) 系统拓展材料结构,合成了 B=Sn^{2+} 的 $Cs_2SnI_2Cl_2$,证明固溶液 $Cs_2Pb_xSn_{1-x}I_2Cl_2$ 具有和三维卤素钙钛矿体系类似的线性晶体常数变化和非线性带隙变化。同时,证明 A 位离子的尺寸对卤素钙钛矿八面体共点连接结构十分重要,替换 Cs^+ 为 Rb^+ 将导致钙钛矿结构的瓦解,因此 $Cs_2MI_2Cl_2$ (M=Pb, Sn) 的形成是非相邻 I/Cl 固定占位和 Cs^+ 作为 A 位离子的共同结果。

(4) 验证了 $Cs_2MI_2Cl_2$ (M=Pb, Sn) 材料具有本征的热稳定性和良好的环境稳定性。

第6章 结 论

6.1 主 要 结 论

本书从钙钛矿太阳能电池的热稳定性机制研究出发,深入理解有机−无机杂化钙钛矿材料的热不稳定性如何影响器件高温衰减,以此为基础认识到研究全无机组分的重要性。在已知的全无机卤素钙钛矿材料体系中,针对关键材料 $CsPbI_3$ 的相稳定性问题,提出热力学控制的无机框架缺陷诱导生长方法。在探索新材料方面,借助维度调控的思想,合成新型全无机二维卤素钙钛矿 $Cs_2PbI_2Cl_2$,拓展新材料结构并系统研究了材料的光电性质与稳定性。主要结论如下:

(1) 基于倒置结构的卤素钙钛矿太阳能电池器件,提出电极诱导离子扩散高温衰降机制。高温老化下,$MAPbI_3$ 层高温分解产生的 I^- 和 MA^+ 会跨越 PCBM 层扩散至 Ag 电极内侧,I^- 与 Ag 电极反应生成 AgI,进一步加剧了 MAI 损失,导致钙钛矿晶界重构和绝缘分解产物 PbI_2 的大量堆积,阻隔光生载流子的有效提取,最终引发器件失效。理解高温衰降过程能够为提升器件热稳定性提供三方面的基本原则:避免电极反应、阻隔离子传输和使用本征热稳定的钙钛矿材料。全无机 $CsSnIBr_2$ 的碳对电极太阳能电池具有优异的热稳定性,验证了上述原则的可靠性。

(2) 借助无机框架 Cs_4PbI_6,纳米尺度的钙钛矿相 $\gamma\text{-}CsPbI_3$ 能够在室温自发生长,形成 $\gamma\text{-}CsPbI_3@Cs_4PbI_6$ 结构。该材料的光学性质符合量子限域特征,极窄的荧光发射峰表明其均一的发光性质,并且能拓展到 $CsPbX_3@Cs_4PbX_6$ (X=Cl, Br, I) 结构。结合生长条件控制实验和结构分析,提出 Cs_4PbI_6 框架中热力学控制的 V_{Cs} 缺陷诱导 $\gamma\text{-}CsPbI_3$ 自发生长的机制,揭示了缺陷浓度控制 $\gamma\text{-}CsPbI_3$ 生长的调控原理。同时，无机刚性框架的包覆增大了 γ-CsPbI$_3$ 的相变势垒，从热力学角度提高了 γ-CsPbI$_3$ 的相稳定性，使该材料具有良好的环境、光照和高温稳定性。

（3）理性探索模型体系 Cs$_2$PbX$_4$ (X=Cl, Br, I)，合成了具有 RP 结构的新型二维卤素钙钛矿材料 Cs$_2$PbI$_2$Cl$_2$，实验结果和理论计算共同表明 Cs$_2$PbI$_2$Cl$_2$ 是该体系中唯一热力学稳定的化合物。该材料具有 3.04 eV 的直接带隙，能带结构验证了其二维连续的高电子维度，单晶器件在面内方向具有快速的紫外光响应和有效的 α 粒子计数响应性。该材料体系能够拓展至 B=Sn^{2+}，固溶液 Cs$_2$Pb$_x$Sn$_{1-x}$I$_2$Cl$_2$ 具有和三维体系类似的晶体常数线性变化和带隙非线性变化特征。A 位离子替换为 Rb$^+$ 后无法维持二维卤素钙钛矿结构，表明 A 位离子尺寸对二维卤素钙钛矿结构的形成十分重要。得益于全无机组分和热力学稳定性，Cs$_2$PbI$_2$Cl$_2$ 和 Cs$_2$SnI$_2$Cl$_2$ 具有本征的高温稳定性和良好的环境稳定性。

6.2 主要创新点

本书的主要创新点如下：

（1）在实验上直接观测到高温下钙钛矿层 I$^-$ 和 MA$^+$ 跨有机传输层扩散并在电极界面堆积。基于倒置结构的热稳定性机制研究完善了器件结构的研究体系，并系统建立起从钙钛矿材料热分解到器件高温衰降的关联。该机制提出的基本原则能较好地总结目前器件热稳定性的调控方法，并为之后的研究工作提供思路。

（2）首次实现钙钛矿相 γ-CsPbI$_3$ 的室温自发生长，从热力学控制的角度制备 γ-CsPbI$_3$ 并有效提高其相态稳定性。全无机的 γ-CsPbI$_3$@Cs$_4$PbI$_6$ 结构保证了材料的高低温范围研究，无机模板缺陷诱导的生长机制也为制备 γ-CsPbI$_3$ 提供了全新的研究思路。

（3）首次合成全无机二维卤素钙钛矿 Cs$_2$MI$_2$Cl$_2$ (M=Pb, Sn)，填补了该类结构在全无机卤素钙钛矿结构体系中的空白，并对其结构稳定性进行了系统研究。单晶器件的 α 粒子计数响应性结果拓展了卤素钙钛矿在光伏之外的应用方向。

6.3 展　　望

使用全无机卤素钙钛矿改善器件稳定性是重要的研究方向,因此近一两年来逐渐受到人们的关注。本书的研究内容基于全无机卤素钙钛矿的材料制备与光电性质研究,旨在为其材料体系的理解、完善与拓展提供全新的实验证据与研究思路。之后的研究工作展望如下:

(1) 结合相态稳定的 $CsPbI_3$ 钙钛矿/新型全无机卤素钙钛矿活性层、化学惰性的碳电极/双电极结构、全无机氧化物半导体的载流子传输层,以及能够改善能带结构的高效离子阻隔层,实现热稳定性满足测试标准要求的卤素钙钛矿器件。

(2) 以本书中提出的无机模板诱导生长 γ-$CsPbI_3$ 的方法延伸研究,使用缺陷可控的 Cs_4PbI_6 模板或者其他具有载流子传输能力的半导体模板,诱导生长大尺寸、高结晶度的 γ-$CsPbI_3$ 薄膜甚至单晶,将具有重大的研究意义。普适的 $CsPbX_3$ 钙钛矿生长方法和异质结的制备也能够以丰富可调的电子结构形式拓宽全无机卤素钙钛矿材料的应用。

(3) 虽然 $Cs_2PbI_2Cl_2$ 带隙较宽,不适合光伏应用,但其光电性质的研究充分证明该类二维结构能够维持较高的电子维度,并在辐射探测等领域表现出应用潜力。另外,相较于有机-无机杂化二维卤素钙钛矿材料,全无机二维 $Cs_2PbI_2Cl_2$ 具有最小的层间距(约 3.10 Å)和最"硬"的结构模板,固相合成法也能够保证大尺寸单晶的制备,因此该类材料既能够保证从高温到高压等极端条件的材料物化性质研究,又能以大尺寸可剥离的优势为电子器件制备提供可靠的材料来源,完善对二维卤素钙钛矿体系的理解并拓展材料的应用方向。

参 考 文 献

[1] International Energy Agency (IEA). Renewables 2018[C]//Press conference. London: [s.n.], 2018.

[2] National Renewable Energy Laboratory (NREL). Best research-cell efficiency chart[EB/OL]. 2019. https://www.nrel.gov/pv/cell-efficiency.html.

[3] GOLDSCHMIDT V M. Die gesetze der krystallochemie[J]. Naturwissenschaften, 1926, 14(21): 477-485.

[4] TRAVIS W, GLOVER E, BRONSTEIN H, et al. On the application of the tolerance factor to inorganic and hybrid halide perovskites: a revised system[J]. Chemical Science, 2016, 7(7): 4548-4556.

[5] XIAO Z, YAN Y. Progress in theoretical study of metal halide perovskite solar cell materials[J]. Advanced Energy Materials, 2017, 7(22): 1701136.

[6] PALIK E D. Handbook of Optical Constants of Solids[M]. San Diego: Academic Press, 1998.

[7] HUANG J, YUAN Y, SHAO Y, et al. Understanding the physical properties of hybrid perovskites for photovoltaic applications[J]. Nature Reviews Materials, 2017, 2(7): 17042.

[8] DONG Q, FANG Y, SHAO Y, et al. Electron-hole diffusion lengths > 175 μm in solution-grown $CH_3NH_3PbI_3$ single crystals[J]. Science, 2015, 347(6225): 967-970.

[9] YIN W J, SHI T, YAN Y. Unusual defect physics in $CH_3NH_3PbI_3$ perovskite solar cell absorber[J]. Applied Physics Letters, 2014, 104(6): 063903.

[10] STEIRER K X, SCHULZ P, TEETER G, et al. Defect tolerance in methylammonium lead triiodide perovskite[J]. ACS Energy Letters, 2016, 1(2): 360-366.

[11] OGA H, SAEKI A, OGOMI Y, et al. Improved understanding of the electronic and energetic landscapes of perovskite solar cells: high local charge

carrier mobility, reduced recombination, and extremely shallow traps[J]. Journal of the American Chemical Society, 2014, 136(39): 13818-13825.

[12] XING G, MATHEWS N, SUN S, et al. Long-range balanced electron-and hole-transport lengths in organic-inorganic $CH_3NH_3PbI_3$[J]. Science, 2013, 342(6156): 344-347.

[13] STRANKS S D, EPERON G E, GRANCINI G, et al. Electron-hole diffusion lengths exceeding 1 micrometer in an organometal trihalide perovskite absorber[J]. Science, 2013, 342(6156): 341-344.

[14] WEBER D. $CH_3NH_3PbX_3$, ein Pb (II)-system mit kubischer perowskitstruktur/$CH_3NH_3PbX_3$, a Pb (II)-system with cubic perovskite structure[J]. Zeitschrift für Naturforschung B, 1978, 33(12): 1443-1445.

[15] WELLS H L. Über die cäsium-und kalium-bleihalogenide[J]. Zeitschrift für anorganische Chemie, 1893, 3(1): 195-210.

[16] MØLLER C K. Crystal structure and photoconductivity of caesium plumbohalides[J]. Nature, 1958, 182(4647): 1436.

[17] KOJIMA A, TESHIMA K, SHIRAI Y, et al. Organometal halide perovskites as visible-light sensitizers for photovoltaic cells[J]. Journal of the American Chemical Society, 2009, 131(17): 6050-6051.

[18] KIM H S, LEE C R, IM J H, et al. Lead iodide perovskite sensitized all-solid-state submicron thin film mesoscopic solar cell with efficiency exceeding 9%[J]. Scientific Reports, 2012, 2: 591.

[19] LEE M M, TEUSCHER J, MIYASAKA T, et al. Efficient hybrid solar cells based on meso-superstructured organometal halide perovskites[J]. Science, 2012, 338(6107): 643-647.

[20] ETGAR L, GAO P, XUE Z, et al. Mesoscopic $CH_3NH_3PbI_3/TiO_2$ heterojunction solar cells[J]. Journal of the American Chemical Society, 2012, 134(42): 17396-17399.

[21] BURSCHKA J, PELLET N, MOON S J, et al. Sequential deposition as a route to high-performance perovskite-sensitized solar cells[J]. Nature, 2013, 499(7458): 316.

[22] LIU M, JOHNSTON M B, SNAITH H J. Efficient planar heterojunction perovskite solar cells by vapour deposition[J]. Nature, 2013, 501(7467): 395.

[23] JEON N J, NOH J H, KIM Y C, et al. Solvent engineering for high-performance inorganic-organic hybrid perovskite solar cells[J]. Nature Ma-

terials, 2014, 13: 897.

[24] YANG W S, NOH J H, JEON N J, et al. High-performance photovoltaic perovskite layers fabricated through intramolecular exchange[J]. Science, 2015, 348(6240): 1234-1237.

[25] LUO D, YANG W, WANG Z, et al. Enhanced photovoltage for inverted planar heterojunction perovskite solar cells[J]. Science, 2018, 360(6396): 1442-1446.

[26] NIU G, LI W, MENG F, et al. Study on the stability of $CH_3NH_3PbI_3$ films and the effect of post-modification by aluminum oxide in all-solid-state hybrid solar cells[J]. Journal of Materials Chemistry A, 2014, 2(3): 705-710.

[27] CHRISTIANS J A, MIRANDA HERRERA P A, KAMAT P V. Transformation of the excited state and photovoltaic efficiency of $CH_3NH_3PbI_3$ perovskite upon controlled exposure to humidified air[J]. Journal of the American Chemical Society, 2015, 137(4): 1530-1538.

[28] FROST J M, BUTLER K T, BRIVIO F, et al. Atomistic origins of high-performance in hybrid halide perovskite solar cells[J]. Nano Letters, 2014, 14(5): 2584-2590.

[29] ARISTIDOU N, EAMES C, SANCHEZ-MOLINA I, et al. Fast oxygen diffusion and iodide defects mediate oxygen-induced degradation of perovskite solar cells[J]. Nature Communications, 2017, 8: 15218.

[30] ARISTIDOU N, SANCHEZ-MOLINA I, CHOTCHUANGCHUTCHAVAL T, et al. The role of oxygen in the degradation of methylammonium lead trihalide perovskite photoactive layers[J]. Angewandte Chemie International Edition, 2015, 54(28): 8208-8212.

[31] LEIJTENS T, PRASANNA R, GOLD-PARKER A, et al. Mechanism of tin oxidation and stabilization by lead substitution in tin halide perovskites[J]. ACS Energy Letters, 2017, 2(9): 2159-2165.

[32] KONSTANTAKOU M, STERGIOPOULOS T. A critical review on tin halide perovskite solar cells[J]. Journal of Materials Chemistry A, 2017, 5(23): 11518-11549.

[33] KUMAR M H, DHARANI S, LEONG W L, et al. Lead-free halide perovskite solar cells with high photocurrents realized through vacancy modulation[J]. Advanced Materials, 2014, 26(41): 7122-7127.

[34] BOYD C C, CHEACHAROEN R, LEIJTENS T, et al. Understanding degradation mechanisms and improving stability of perovskite photovoltaics[J]. Chemical Reviews, 2019, 119(5): 3418-3451.

[35] BRYANT D, ARISTIDOU N, PONT S, et al. Light and oxygen induced degradation limits the operational stability of methylammonium lead triiodide perovskite solar cells[J]. Energy & Environmental Science, 2016, 9(5): 1655-1660.

[36] TSAI H, ASADPOUR R, BLANCON J C, et al. Light-induced lattice expansion leads to high-efficiency perovskite solar cells[J]. Science, 2018, 360(6384): 67-70.

[37] HOKE E T, SLOTCAVAGE D J, DOHNER E R, et al. Reversible photo-induced trap formation in mixed-halide hybrid perovskites for photovoltaics[J]. Chemical Science, 2015, 6(1): 613-617.

[38] CHRISTIANS J A, SCHULZ P, TINKHAM J S, et al. Tailored interfaces of unencapsulated perovskite solar cells for >1000 hour operational stability[J]. Nature Energy, 2018, 3(1): 68-74.

[39] ITO S, TANAKA S, MANABE K, et al. Effects of surface blocking layer of Sb_2S_3 on nanocrystalline TiO_2 for $CH_3NH_3PbI_3$ perovskite solar cells[J]. The Journal of Physical Chemistry C, 2014, 118(30): 16995-17000.

[40] LEIJTENS T, EPERON G E, PATHAK S, et al. Overcoming ultraviolet light instability of sensitized TiO_2 with meso-superstructured organometal tri-halide perovskite solar cells[J]. Nature Communications, 2013, 4: 2885.

[41] MIZUSAKI J, ARAI K, FUEKI K. Ionic conduction of the perovskite-type halides[J]. Solid State Ionics, 1983, 11(3): 203-211.

[42] XIAO Z, YUAN Y, SHAO Y, et al. Giant switchable photovoltaic effect in organometal trihalide perovskite devices[J]. Nature Materials, 2014, 14: 193.

[43] YUAN Y, WANG Q, SHAO Y, et al. Electric-field-driven reversible conversion between methylammonium lead triiodide perovskites and lead iodide at elevated temperatures[J]. Advanced Energy Materials, 2016, 6(2): 1501803.

[44] YUAN Y, CHAE J, SHAO Y, et al. Photovoltaic switching mechanism in lateral structure hybrid perovskite solar cells[J]. Advanced Energy Materials, 2015, 5(15): 1500615.

[45] YANG T Y, GREGORI G, PELLET N, et al. The significance of ion

conduction in a hybrid organic-inorganic lead-iodide-based perovskite photosensitizer[J]. Angewandte Chemie International Edition, 2015, 54(27): 7905-7910.

[46] DOMANSKI K, ALHARBI E A, HAGFELDT A, et al. Systematic investigation of the impact of operation conditions on the degradation behaviour of perovskite solar cells[J]. Nature Energy, 2018, 3(1): 61-67.

[47] MEI A, LI X, LIU L, et al. A hole-conductor-free, fully printable mesoscopic perovskite solar cell with high stability[J]. Science, 2014, 345(6194): 295-298.

[48] CHEN W, WU Y, YUE Y, et al. Efficient and stable large-area perovskite solar cells with inorganic charge extraction layers[J]. Science, 2015, 350(6263): 944-948.

[49] ARORA N, DAR M I, HINDERHOFER A, et al. Perovskite solar cells with CuSCN hole extraction layers yield stabilized efficiencies greater than 20%[J]. Science, 2017, 358(6364): 768-771.

[50] SHIN S S, YEOM E J, YANG W S, et al. Colloidally prepared La-doped $BaSnO_3$ electrodes for efficient, photostable perovskite solar cells[J]. Science, 2017, 356(6334): 167-171.

[51] YANG J, SIEMPELKAMP B D, MOSCONI E, et al. Origin of the thermal instability in $CH_3NH_3PbI_3$ thin films deposited on ZnO[J]. Chemistry of Materials, 2015, 27(12): 4229-4236.

[52] JØRGENSEN M, NORRMAN K, GEVORGYAN S A, et al. Stability of polymer solar cells[J]. Advanced Materials, 2012, 24(5): 580-612.

[53] MALINAUSKAS T, TOMKUTE-LUKSIENE D, SENS R, et al. Enhancing thermal stability and lifetime of solid-state dye-sensitized solar cells via molecular engineering of the hole-transporting material Spiro-OMeTAD[J]. ACS Applied Materials & Interfaces, 2015, 7(21): 11107-11116.

[54] BAILIE C D, UNGER E L, ZAKEERUDDIN S M, et al. Melt-infiltration of Spiro-OMeTAD and thermal instability of solid-state dye-sensitized solar cells[J]. Physical Chemistry Chemical Physics, 2014, 16(10): 4864-4870.

[55] JENA A K, IKEGAMI M, MIYASAKA T. Severe morphological deformation of Spiro-OMeTAD in $(CH_3NH_3)PbI_3$ solar cells at high temperature[J]. ACS Energy Letters, 2017, 2(8): 1760-1761.

[56] DIVITINI G, CACOVICH S, MATTEOCCI F, et al. In situ observation of

heat-induced degradation of perovskite solar cells[J]. Nature Energy, 2016, 1: 15012.

[57] KIM S, BAE S, LEE S W, et al. Relationship between ion migration and interfacial degradation of $CH_3NH_3PbI_3$ perovskite solar cells under thermal conditions[J]. Scientific Reports, 2017, 7(1): 1200.

[58] LI C Z, CHUEH C C, DING F, et al. Doping of fullerenes via anion-induced electron transfer and its implication for surfactant facilitated high performance polymer solar cells[J]. Advanced Materials, 2013, 25(32): 4425-4430.

[59] LEE H, LEE C. Analysis of ion-diffusion-induced interface degradation in inverted perovskite solar cells via restoration of the ag electrode[J]. Advanced Energy Materials, 2018, 8(11): 1702197.

[60] DOMANSKI K, CORREA-BAENA J P, MINE N, et al. Not all that glitters is gold: metal-migration-induced degradation in perovskite solar cells[J]. ACS Nano, 2016, 10(6): 6306-6314.

[61] BOYD C C, CHEACHAROEN R, BUSH K A, et al. Barrier design to prevent metal-induced degradation and improve thermal stability in perovskite solar cells[J]. ACS Energy Letters, 2018, 3(7): 1772-1778.

[62] WU S, CHEN R, ZHANG S, et al. A chemically inert bismuth interlayer enhances long-term stability of inverted perovskite solar cells[J]. Nature Communications, 2019, 10(1): 1161.

[63] MING W, YANG D, LI T, et al. Formation and diffusion of metal impurities in perovskite solar cell material $CH_3NH_3PbI_3$: implications on solar cell degradation and choice of electrode[J]. Advanced Science, 2018, 5(2): 1700662.

[64] KATO Y, ONO L K, LEE M V, et al. Silver iodide formation in methyl ammonium lead iodide perovskite solar cells with silver top electrodes[J]. Advanced Materials Interfaces, 2015, 2(13): 1500195.

[65] HAN Y, MEYER S, DKHISSI Y, et al. Degradation observations of encapsulated planar $CH_3NH_3PbI_3$ perovskite solar cells at high temperatures and humidity[J]. Journal of Materials Chemistry A, 2015, 3(15): 8139-8147.

[66] BESLEAGA C, ABRAMIUC L E, STANCU V, et al. Iodine migration and degradation of perovskite solar cells enhanced by metallic electrodes[J]. The Journal of Physical Chemistry Letters, 2016, 7(24): 5168-5175.

[67] LI J, DONG Q, LI N, et al. Direct evidence of ion diffusion for the silver-electrode-induced thermal degradation of inverted perovskite solar cells[J]. Advanced Energy Materials, 2017, 7(14): 1602922.

[68] STOUMPOS C C, KANATZIDIS M G. The renaissance of halide perovskites and their evolution as emerging semiconductors[J]. Accounts of Chemical Research, 2015, 48(10): 2791-2802.

[69] POGLITSCH A, WEBER D. Dynamic disorder in methylammonium trihalogenoplumbates (II) observed by millimeter-wave spectroscopy[J]. The Journal of Chemical Physics, 1987, 87(11): 6373-6378.

[70] STOUMPOS C C, MALLIAKAS C D, KANATZIDIS M G. Semiconducting tin and lead iodide perovskites with organic cations: phase transitions, high mobilities, and near-infrared photoluminescent properties[J]. Inorganic Chemistry, 2013, 52(15): 9019-9038.

[71] LI Z, YANG M, PARK J S, et al. Stabilizing perovskite structures by tuning tolerance factor: formation of formamidinium and cesium lead iodide solid-state alloys[J]. Chemistry of Materials, 2016, 28(1): 284-292.

[72] MARRONNIER A, ROMA G, BOYER-RICHARD S, et al. Anharmonicity and disorder in the black phases of cesium lead iodide used for stable inorganic perovskite solar cells[J]. ACS Nano, 2018, 12(4): 3477-3486.

[73] DUALEH A, GAO P, SEOK S I, et al. Thermal behavior of methylammonium lead-trihalide perovskite photovoltaic light harvesters[J]. Chemistry of Materials, 2014, 26(21): 6160-6164.

[74] JUAREZ-PEREZ E J, HAWASH Z, RAGA S R, et al. Thermal degradation of $CH_3NH_3PbI_3$ perovskite into NH_3 and CH_3I gases observed by coupled thermogravimetry-mass spectrometry analysis[J]. Energy & Environmental Science, 2016, 9(11): 3406-3410.

[75] LATINI A, GIGLI G, CICCIOLI A. A study on the nature of the thermal decomposition of methylammonium lead iodide perovskite, $CH_3NH_3PbI_3$: an attempt to rationalise contradictory experimental results[J]. Sustainable Energy & Fuels, 2017, 1(6): 1351-1357.

[76] YU X, QIN Y, PENG Q. Probe decomposition of methylammonium lead iodide perovskite in N_2 and O_2 by in situ infrared spectroscopy[J]. The Journal of Physical Chemistry A, 2017, 121(6): 1169-1174.

[77] SMECCA E, NUMATA Y, DERETZIS I, et al. Stability of solution-

processed MAPbI$_3$ and FAPbI$_3$ layers[J]. Physical Chemistry Chemical Physics, 2016, 18(19): 13413-13422.

[78] CONINGS B, DRIJKONINGEN J, GAUQUELIN N, et al. Intrinsic thermal instability of methylammonium lead trihalide perovskite[J]. Advanced Energy Materials, 2015, 5(15): 1500477.

[79] FAN Z, XIAO H, WANG Y, et al. Layer-by-layer degradation of methylammonium lead tri-iodide perovskite microplates[J]. Joule, 2017, 1(3): 548-562.

[80] JACOBSSON T J, SCHWAN L J, OTTOSSON M, et al. Determination of thermal expansion coefficients and locating the temperature-induced phase transition in methylammonium lead perovskites using X-ray diffraction[J]. Inorganic Chemistry, 2015, 54(22): 10678-10685.

[81] FABINI D H, STOUMPOS C C, LAURITA G, et al. Reentrant structural and optical properties and large positive thermal expansion in perovskite formamidinium lead iodide[J]. Angewandte Chemie International Edition, 2016, 55(49): 15392-15396.

[82] PISONI A, JACIMOVIC J, BARISIC O S, et al. Ultra-low thermal conductivity in organic–inorganic hybrid perovskite $CH_3NH_3PbI_3$[J]. The Journal of Physical Chemistry Letters, 2014, 5(14): 2488-2492.

[83] ELBAZ G A, ONG W L, DOUD E A, et al. Phonon speed, not scattering, differentiates thermal transport in lead halide perovskites[J]. Nano Letters, 2017, 17(9): 5734-5739.

[84] LEE W, LI H, WONG A B, et al. Ultralow thermal conductivity in all-inorganic halide perovskites[J]. Proceedings of the National Academy of Sciences, 2017, 114(33): 8693-8697.

[85] BUIN A, COMIN R, XU J, et al. Halide-dependent electronic structure of organolead perovskite materials[J]. Chemistry of Materials, 2015, 27(12): 4405-4412.

[86] BAG M, RENNA L A, ADHIKARI R Y, et al. Kinetics of ion transport in perovskite active layers and its implications for active layer stability[J]. Journal of the American Chemical Society, 2015, 137(40): 13130-13137.

[87] YUAN Y, HUANG J. Ion migration in organometal trihalide perovskite and its impact on photovoltaic efficiency and stability[J]. Accounts of Chemical Research, 2016, 49(2): 286-293.

[88] AZPIROZ J M, MOSCONI E, BISQUERT J, et al. Defect migration in methylammonium lead iodide and its role in perovskite solar cell operation[J]. Energy & Environmental Science, 2015, 8(7): 2118-2127.

[89] HARUYAMA J, SODEYAMA K, HAN L, et al. First-principles study of ion diffusion in perovskite solar cell sensitizers[J]. Journal of the American Chemical Society, 2015, 137(32): 10048-10051.

[90] EAMES C, FROST J M, BARNES P R F, et al. Ionic transport in hybrid lead iodide perovskite solar cells[J]. Nature Communications, 2015, 6: 7497.

[91] WALSH A, SCANLON D O, CHEN S, et al. Self-regulation mechanism for charged point defects in hybrid halide perovskites[J]. Angewandte Chemie International Edition, 2015, 54(6): 1791-1794.

[92] ZHOU W, ZHAO Y, ZHOU X, et al. Light-independent ionic transport in inorganic perovskite and ultrastable Cs-based perovskite solar cells[J]. The Journal of Physical Chemistry Letters, 2017, 8(17): 4122-4128.

[93] EPERON G E, STRANKS S D, MENELAOU C, et al. Formamidinium lead trihalide: a broadly tunable perovskite for efficient planar heterojunction solar cells[J]. Energy & Environmental Science, 2014, 7(3): 982-988.

[94] NIU G, LI W, LI J, et al. Enhancement of thermal stability for perovskite solar cells through cesium doping[J]. RSC Advances, 2017, 7(28): 17473-17479.

[95] SALIBA M, MATSUI T, SEO J Y, et al. Cesium-containing triple cation perovskite solar cells: improved stability, reproducibility and high efficiency[J]. Energy & Environmental Science, 2016, 9(6): 1989-1997.

[96] SALIBA M, MATSUI T, Domanski K, et al. Incorporation of rubidium cations into perovskite solar cells improves photovoltaic performance[J]. Science, 2016, 354(6309): 206-209.

[97] KUBICKI D J, PROCHOWICZ D, HOFSTETTER A, et al. Phase segregation in Cs-, Rb-and K-doped mixed-cation $(MA)_x(FA)_{1-x}PbI_3$ hybrid perovskites from solid-state NMR[J]. Journal of the American Chemical Society, 2017, 139(40): 14173-14180.

[98] TAN W, BOWRING A R, MENG A C, et al. Thermal stability of mixed cation metal halide perovskites in air[J]. ACS Applied Materials & Interfaces, 2018, 10(6): 5485-5491.

[99] ZHU H, MIYATA K, FU Y, et al. Screening in crystalline liquids protects

energetic carriers in hybrid perovskites[J]. Science, 2016, 353(6306): 1409-1413.

[100] ZHU H, TRINH M T, WANG J, et al. Organic cations might not be essential to the remarkable properties of band edge carriers in lead halide perovskites[J]. Advanced Materials, 2017, 29(1): 1603072.

[101] DASTIDAR S, LI S, SMOLIN S Y, et al. Slow electron-hole recombination in lead iodide perovskites does not require a molecular dipole[J]. ACS Energy Letters, 2017, 2(10): 2239-2244.

[102] CHUNG I, SONG J H, IM J, et al. $CsSnI_3$: semiconductor or metal? high electrical conductivity and strong near-infrared photoluminescence from a single material. high hole mobility and phase-transitions[J]. Journal of the American Chemical Society, 2012, 134(20): 8579-8587.

[103] BEAL R E, SLOTCAVAGE D J, LEIJTENS T, et al. Cesium lead halide perovskites with improved stability for tandem solar cells[J]. The Journal of Physical Chemistry Letters, 2016, 7(5): 746-751.

[104] SABBA D, MULMUDI H K, PRABHAKAR R R, et al. Impact of anionic Br^- substitution on open circuit voltage in lead free perovskite $CsSnI_{3-x}Br_x$ solar cells[J]. The Journal of Physical Chemistry C, 2015, 119(4): 1763-1767.

[105] LAU C F J, DENG X, MA Q, et al. $CsPbIBr_2$ perovskite solar cell by spray-assisted deposition[J]. ACS Energy Letters, 2016, 1(3): 573-577.

[106] PEEDIKAKKANDY L, BHARGAVA P. Composition dependent optical, structural and photoluminescence characteristics of cesium tin halide perovskites[J]. RSC Advances, 2016, 6(24): 19857-19860.

[107] STOUMPOS C C, MALLIAKAS C D, PETERS J A, et al. Crystal growth of the perovskite semiconductor $CsPbBr_3$: a new material for high-energy radiation detection[J]. Crystal Growth & Design, 2013, 13(7): 2722-2727.

[108] STOUMPOS C C, FRAZER L, CLARK D J, et al. Hybrid germanium iodide perovskite semiconductors: active lone pairs, structural distortions, direct and indirect energy gaps, and strong nonlinear optical properties[J]. Journal of the American Chemical Society, 2015, 137(21): 6804-6819.

[109] HEIDRICH K, KÜNZEL H, TREUSCH J. Optical properties and electronic structure of $CsPbCl_3$ and $CsPbBr_3$[J]. Solid State Communications, 1978, 25(11): 887-889.

[110] SEO D K, GUPTA N, WHANGBO M H, et al. Pressure-induced changes

in the structure and band gap of CsGeX$_3$ (X = Cl, Br) studied by electronic band structure calculations[J]. Inorganic Chemistry, 1998, 37(3): 407-410.

[111] Über den einfluβ des kationenradius auf die bildungsenergie von anlagerungsverbindungen. VII. die systeme lkalifluorid/bleifluorid[J]. Zeitschrift Für Anorganische und Allgemeine Chemie, 1956, 283(1-6): 314-329.

[112] LI W, ROTHMANN M U, LIU A, et al. Phase segregation enhanced ion movement in efficient inorganic CsPbIBr$_2$ solar cells[J]. Advanced Energy Materials, 2017, 7(20): 1700946.

[113] FABINI D H, LAURITA G, BECHTEL J S, et al. Dynamic stereochemical activity of the Sn^{2+} lone pair in perovskite CsSnBr$_3$[J]. Journal of the American Chemical Society, 2016, 138(36): 11820-11832.

[114] HUANG L Y, LAMBRECHT W R L. Electronic band structure trends of perovskite halides: beyond Pb and Sn to Ge and Si[J]. Physical Review B, 2016, 93: 195211.

[115] AHMAD W, KHAN J, NIU G, et al. Inorganic CsPbI$_3$ perovskite-based solar cells: a choice for a tandem device[J]. Solar RRL, 2017, 1(7): 1700048.

[116] WANG P, ZHANG X, ZHOU Y, et al. Solvent-controlled growth of inorganic perovskite films in dry environment for efficient and stable solar cells[J]. Nature Communications, 2018, 9(1): 2225.

[117] ZHANG T, DAR M I, LI G, et al. Bication lead iodide 2D perovskite component to stabilize inorganic α-cspbi$_3$ perovskite phase for high-efficiency solar cells[J]. Science Advances, 2017, 3(9): e1700841.

[118] SONG T B, YOKOYAMA T, STOUMPOS C C, et al. Importance of reducing vapor atmosphere in the fabrication of tin-based perovskite solar cells[J]. Journal of the American Chemical Society, 2017, 139(2): 836-842.

[119] SUN J K, HUANG S, LIU X Z, et al. Polar solvent induced lattice distortion of cubic CsPbI$_3$ nanocubes and hierarchical self-assembly into orthorhombic single-crystalline nanowires[J]. Journal of the American Chemical Society, 2018, 140(37): 11705-11715.

[120] CHEN C Y, LIN H Y, CHIANG K M, et al. All-vacuum-deposited stoichiometrically balanced inorganic cesium lead halide perovskite solar cells with stabilized efficiency exceeding 11%[J]. Advanced Materials, 2017, 29(12): 1605290.

[121] BURWIG T, FRÄNZEL W, PISTOR P. Crystal phases and thermal stability of co-evaporated CsPbX$_3$ (X = I, Br) thin films[J]. The Journal of Physical Chemistry Letters, 2018, 9(16): 4808-4813.

[122] SUTTON R J, FILIP M R, HAGHIGHIRAD A A, et al. Cubic or orthorhombic? Revealing the crystal structure of metastable black-phase CsPbI$_3$ by theory and experiment[J]. ACS Energy Letters, 2018, 3(8): 1787-1794.

[123] MARRONNIER A, LEE H, GEFFROY B, et al. Structural instabilities related to highly anharmonic phonons in halide perovskites[J]. The Journal of Physical Chemistry Letters, 2017, 8(12): 2659-2665.

[124] PROTESESCU L, YAKUNIN S, BODNARCHUK M I, et al. Nanocrystals of cesium lead halide perovskites CsPbX$_3$, (X= Cl, Br, and I): novel optoelectronic materials showing bright emission with wide color gamut[J]. Nano Letters, 2015, 15(6): 3692-3696.

[125] LIU F, ZHANG Y, DING C, et al. Highly luminescent phase-stable CsPbI$_3$ perovskite quantum dots achieving near 100% absolute photoluminescence quantum yield[J]. ACS Nano, 2017, 11(10): 10373-10383.

[126] TONG Y, BLADT E, AYGÜLER M F, et al. Highly luminescent cesium lead halide perovskite nanocrystals with tunable composition and thickness by ultrasonication[J]. Angewandte Chemie International Edition, 2016, 55(44): 13887-13892.

[127] SUN S, YUAN D, XU Y, et al. Ligand-mediated synthesis of shape-controlled cesium lead halide perovskite nanocrystals via reprecipitation process at room temperature[J]. ACS Nano, 2016, 10(3): 3648-3657.

[128] LI B, ZHANG Y, FU L, et al. Surface passivation engineering strategy to fully-inorganic cubic CsPbI$_3$ perovskites for high-performance solar cells[J]. Nature Communications, 2018, 9(1): 1076.

[129] WANG Q, ZHENG X, DENG Y, et al. Stabilizing the α-phase of CsPbI$_3$ perovskite by sulfobetaine zwitterions in one-step spin-coating films[J]. Joule, 2017, 1(2): 371-382.

[130] FU Y, REA M T, CHEN J, et al. Selective stabilization and photophysical properties of metastable perovskite polymorphs of CsPbI$_3$ in thin films[J]. Chemistry of Materials, 2017, 29(19): 8385-8394.

[131] ZHAO B, JIN S F, HUANG S, et al. Thermodynamically stable orthorhom-

bic γ-CsPbI$_3$ thin films for high-performance photovoltaics[J]. Journal of the American Chemical Society, 2018, 140(37): 11716-11725.

[132] EPERON G E, PATERNÒ G M, SUTTON R J, et al. Inorganic caesium lead iodide perovskite solar cells[J]. Journal of Materials Chemistry A, 2015, 3(39): 19688-19695.

[133] XIANG S, FU Z, LI W, et al. Highly air-stable carbon-based α-CsPbI$_3$ perovskite solar cells with a broadened optical spectrum[J]. ACS Energy Letters, 2018, 3(8): 1824-1831.

[134] WANG K, JIN Z, LIANG L, et al. All-inorganic cesium lead iodide perovskite solar cells with stabilized efficiency beyond 15%[J]. Nature Communications, 2018, 9(1): 4544.

[135] SANEHIRA E M, MARSHALL A R, CHRISTIANS J A, et al. Enhanced mobility CsPbI$_3$ quantum dot arrays for record-efficiency, high-voltage photovoltaic cells[J]. Science Advances, 2017, 3(10): eaao4204.

[136] HU Y, BAI F, LIU X, et al. Bismuth incorporation stabilized α-CsPbI$_3$ for fully inorganic perovskite solar cells[J]. ACS Energy Letters, 2017, 2(10): 2219-2227.

[137] JENA A K, KULKARNI A, SANEHIRA Y, et al. Stabilization of α-CsPbI$_3$ in ambient room temperature conditions by incorporating Eu into CsPbI$_3$[J]. Chemistry of Materials, 2018, 30(19): 6668-6674.

[138] LAU C F J, DENG X, ZHENG J, et al. Enhanced performance via partial lead replacement with calcium for a CsPbI$_3$ perovskite solar cell exceeding 13% power conversion efficiency[J]. Journal of Materials Chemistry A, 2018, 6(14): 5580-5586.

[139] AKKERMAN Q A, MEGGIOLARO D, DANG Z, et al. Fluorescent alloy CsPb$_x$Mn$_{1-x}$I$_3$ perovskite nanocrystals with high structural and optical stability[J]. ACS Energy Letters, 2017, 2(9): 2183-2186.

[140] SWARNKAR A, MIR W J, NAG A. Can B-site doping or alloying improve thermal-and phase-stability of all-inorganic CsPbX$_3$ (X = Cl, Br, I) perovskites?[J]. ACS Energy Letters, 2018, 3(2): 286-289.

[141] XIAO Z, MENG W, WANG J, et al. Searching for promising new perovskite-based photovoltaic absorbers: the importance of electronic dimensionality[J]. Materials Horizons, 2017, 4(2): 206-216.

[142] DENG Z, WEI F, SUN S, et al. Exploring the properties of lead-free hy-

brid double perovskites using a combined computational-experimental approach[J]. Journal of Materials Chemistry A, 2016, 4(31): 12025-12029.

[143] SLAVNEY A H, HU T, LINDENBERG A M, et al. A bismuth-halide double perovskite with long carrier recombination lifetime for photovoltaic applications[J]. Journal of the American Chemical Society, 2016, 138(7): 2138-2141.

[144] VOLONAKIS G, FILIP M R, HAGHIGHIRAD A A, et al. Lead-free halide double perovskites via heterovalent substitution of noble metals[J]. The Journal of Physical Chemistry Letters, 2016, 7(7): 1254-1259.

[145] MCCLURE E T, BALL M R, WINDL W, et al. Cs_2AgBiX_6 (X = Br, Cl): new visible light absorbing, lead-free halide perovskite semiconductors[J]. Chemistry of Materials, 2016, 28(5): 1348-1354.

[146] DENG W, DENG Z Y, HE J, et al. Synthesis of $Cs_2AgSbCl_6$ and improved optoelectronic properties of $Cs_2AgSbCl_6/TiO_2$ heterostructure driven by the interface effect for lead-free double perovskites solar cells[J]. Applied Physics Letters, 2017, 111(15): 151602.

[147] RETUERTO M, EMGE T, HADERMANN J, et al. Synthesis and properties of charge-ordered thallium halide perovskites, $CsTl^+_{0.5}Tl^{3+}_{0.5}X_3$ (X = F or Cl): theoretical precursors for superconductivity?[J]. Chemistry of Materials, 2013, 25(20): 4071-4079.

[148] VOLONAKIS G, HAGHIGHIRAD A A, MILOT R L, et al. $Cs_2InAgCl_6$: a new lead-free halide double perovskite with direct band gap[J]. The Journal of Physical Chemistry Letters, 2017, 8(4): 772-778.

[149] SLAVNEY A H, LEPPERT L, SALDIVAR VALDES A, et al. Small-bandgap halide double perovskites[J]. Angewandte Chemie International Edition, 2018, 57(39): 12765-12770.

[150] MCCALL K M, STOUMPOS C C, KOSTINA S S, et al. Strong electron-phonon coupling and self-trapped excitons in the defect halide perovskites $A_3M_2I_9$ (A = Cs, Rb; M = Bi, Sb)[J]. Chemistry of Materials, 2017, 29(9): 4129-4145.

[151] VARGAS B, RAMOS E, PÉREZ-GUTIÉRREZ E, et al. A direct bandgap copper-antimony halide perovskite[J]. Journal of the American Chemical Society, 2017, 139(27): 9116-9119.

[152] QIU X, JIANG Y, Zhang H, et al. Lead-free mesoscopic Cs_2SnI_6 perovskite

solar cells using different nanostructured ZnO nanorods as electron transport layers[J]. Physica Status Solidi (RRL)-Rapid Research Letters, 2016, 10(8): 587-591.

[153] VARGAS B, RAMOS E, PÉREZ-GUTIÉRREZ E, et al. A direct bandgap copper-antimony halide perovskite[J]. Journal of the American Chemical Society, 2017, 139(27): 9116-9119.

[154] CHEN M, JU M G, CARL A D, et al. Cesium titanium(IV) bromide thin films based stable lead-free perovskite solar cells[J]. Joule, 2018, 2(3): 558-570.

[155] GIUSTINO F, SNAITH H J. Toward lead-free perovskite solar cells[J]. ACS Energy Letters, 2016, 1(6): 1233-1240.

[156] ZHAO X G, YANG D, REN J C, et al. Rational design of halide double perovskites for optoelectronic applications[J]. Joule, 2018, 2(9): 1662-1673.

[157] XIAO Z, YAN Y, HOSONO H, et al. Roles of pseudo-closed s^2 orbitals for different intrinsic hole generation between Tl-Bi and In-Bi bromide double perovskites[J]. The Journal of Physical Chemistry Letters, 2018, 9(1): 258-262.

[158] SAVORY C N, WALSH A, SCANLON D O. Can Pb-free halide double perovskites support high-efficiency solar cells?[J]. ACS Energy Letters, 2016, 1(5): 949-955.

[159] ZHAO X G, YANG J H, FU Y, et al. Design of lead-free inorganic halide perovskites for solar cells via cation-transmutation[J]. Journal of the American Chemical Society, 2017, 139(7): 2630-2638.

[160] XIAO Z, DU K Z, MENG W, et al. Intrinsic instability of $Cs_2In(I)M(III)X_6$ (M= Bi, Sb; X= halogen) double perovskites: a combined density functional theory and experimental study[J]. Journal of the American Chemical Society, 2017, 139(17): 6054-6057.

[161] FILIP M R, HILLMAN S, HAGHIGHIRAD A A, et al. Band gaps of the lead-free halide double perovskites $Cs_2BiAgCl_6$ and $Cs_2BiAgBr_6$ from theory and experiment[J]. The Journal of Physical Chemistry Letters, 2016, 7(13): 2579-2585.

[162] PAN W, WU H, LUO J, et al. $Cs_2AgBiBr_6$ single-crystal X-ray detectors with a low detection limit[J]. Nature Photonics, 2017, 11(11): 726.

[163] XIAO Z, DU K Z, MENG W, et al. Chemical origin of the stability differ-

ence between copper (I)-and silver (I)-based halide double perovskites[J]. Angewandte Chemie, 2017, 129(40): 12275-12279.

[164] MENG W, WANG X, XIAO Z, et al. Parity-forbidden transitions and their impact on the optical absorption properties of lead-free metal halide perovskites and double perovskites[J]. The Journal of Physical Chemistry Letters, 2017, 8(13): 2999-3007.

[165] LUO J, LI S, WU H, et al. $Cs_2AgInCl_6$ double perovskite single crystals: parity forbidden transitions and their application for sensitive and fast uv photodetectors[J]. ACS Photonics, 2018, 5(2): 398-405.

[166] LUO J, WANG X, LI S, et al. Efficient and stable emission of warm-white light from lead-free halide double perovskites[J]. Nature, 2018, 563(7732): 541.

[167] WANG X, MENG W, XIAO Z, et al. First-principles understanding of the electronic band structure of copper-antimony halide perovskite: the effect of magnetic ordering[Z]. arXiv:1707.09539, 2017.

[168] HAN D, SHI H, MING W, et al. Unraveling luminescence mechanisms in zero-dimensional halide perovskites[J]. Journal of Materials Chemistry C, 2018, 6(24): 6398-6405.

[169] RUDDLESDEN S, POPPER P. New compounds of the K_2NiF_4 type[J]. Acta Crystallographica, 1957, 10(8): 538-539.

[170] MAO L, KE W, PEDESSEAU L, et al. Hybrid Dion-Jacobson 2D lead iodide perovskites[J]. Journal of the American Chemical Society, 2018, 140(10): 3775-3783.

[171] MAO L, STOUMPOS C C, KANATZIDIS M G. Two-dimensional hybrid halide perovskites: principles and promises[J]. Journal of the American Chemical Society, 2019, 141(3): 1171-1190.

[172] SAPAROV B, MITZI D B. Organic-inorganic perovskites: structural versatility for functional materials design[J]. Chemical Reviews, 2016, 116(7): 4558-4596.

[173] BATTLE P D, GREEN M A, LAGO J, et al. Crystal and magnetic structures of $Ca_4Mn_3O_{10}$, an $n = 3$ Ruddlesden-Popper compound[J]. Chemistry of Materials, 1998, 10(2): 658-664.

[174] STOUMPOS C C, CAO D H, CLARK D J, et al. Ruddlesden-Popper hybrid lead iodide perovskite 2D homologous semiconductors[J]. Chemistry

of Materials, 2016, 28(8): 2852-2867.

[175] DION M, GANNE M, TOURNOUX M. Nouvelles familles de phases $M^I M_2^{II} Nb_3 O_{10}$ a feuillets "perovskites"[J]. Materials Research Bulletin, 1981, 16(11): 1429-1435.

[176] DOHNER E R, JAFFE A, BRADSHAW L R, et al. Intrinsic white-light emission from layered hybrid perovskites[J]. Journal of the American Chemical Society, 2014, 136(38): 13154-13157.

[177] MAO L, WU Y, STOUMPOS C C, et al. White-light emission and structural distortion in new corrugated two-dimensional lead bromide perovskites[J]. Journal of the American Chemical Society, 2017, 139(14): 5210-5215.

[178] MITZI D B, FEILD C A, HARRISON W T A, et al. Conducting tin halides with a layered organic-based perovskite structure[J]. Nature, 1994, 369(6480): 467-469.

[179] KAGAN C R, MITZI D B, DIMITRAKOPOULOS C D. Organic-inorganic hybrid materials as semiconducting channels in thin-film field-effect transistors[J]. Science, 1999, 286(5441): 945-947.

[180] EMA K, INOMATA M, KATO Y, et al. Nearly perfect triplet-triplet energy transfer from wannier excitons to naphthalene in organic-inorganic hybrid quantum-well materials[J]. Physical Review Letter, 2008, 100: 257401.

[181] NAKAMURA S, SENOH M, MUKAI T. High-power InGaN/GaN double-heterostructure violet light emitting diodes[J]. Applied Physics Letters, 1993, 62(19): 2390-2392.

[182] SMITH I C, HOKE E T, SOLIS-IBARRA D, et al. A layered hybrid perovskite solar-cell absorber with enhanced moisture stability[J]. Angewandte Chemie, 2014, 126(42): 11414-11417.

[183] CAO D H, STOUMPOS C C, FARHA O K, et al. 2D homologous perovskites as light-absorbing materials for solar cell applications[J]. Journal of the American Chemical Society, 2015, 137(24): 7843-7850.

[184] SOE C M M, NAGABHUSHANA G P, SHIVARAMAIAH R, et al. Structural and thermodynamic limits of layer thickness in 2D halide perovskites[J]. Proceedings of the National Academy of Sciences, 2019, 116(1): 58-66.

[185] GLASSER L. Systematic thermodynamics of layered perovskites:

Ruddlesden-Popper phases[J]. Inorganic Chemistry, 2017, 56(15): 8920-8925.

[186] JUNG E H, JEON N J, PARK E Y, et al. Efficient, stable and scalable perovskite solar cells using poly (3-hexylthiophene)[J]. Nature, 2019, 567(7749): 511-515.

[187] SONG T B, YOKOYAMA T, ARAMAKI S, et al. Performance enhancement of lead-free tin-based perovskite solar cells with reducing atmosphere-assisted dispersible additive[J]. ACS Energy Letters, 2017, 2(4): 897-903.

[188] CHEN M, JU M G, GARCES H F, et al. Highly stable and efficient all-inorganic lead-free perovskite solar cells with native-oxide passivation[J]. Nature Communications, 2019, 10(1): 16.

[189] TSAI H, NIE W, BLANCON J C, et al. High-efficiency two-dimensional Ruddlesden-Popper perovskite solar cells[J]. Nature, 2016, 536: 312.

[190] CAO D H, STOUMPOS C C, YOKOYAMA T, et al. Thin films and solar cells based on semiconducting two-dimensional Ruddlesden-Popper $(CH_3(CH_2)_3NH_3)_2(CH_3NH_3)_{n-1}Sn_nI_{3n+1}$ perovskites[J]. ACS Energy Letters, 2017, 2(5): 982-990.

[191] LIAO J F, RAO H S, CHEN B X, et al. Dimension engineering on cesium lead iodide for efficient and stable perovskite solar cells[J]. Journal of Materials Chemistry A, 2017, 5(5): 2066-2072.

[192] LI X, LI B, CHANG J, et al. $(C_6H_5CH_2NH_3)_2CuBr_4$: a lead-free, highly stable two-dimensional perovskite for solar cell applications[J]. ACS Applied Energy Materials, 2018, 1(6): 2709-2716.

[193] BOOPATHI K M, KARUPPUSWAMY P, SINGH A, et al. Solution-processable antimony-based light-absorbing materials beyond lead halide perovskites[J]. Journal of Materials Chemistry A, 2017, 5(39): 20843-20850.

[194] KRISHNAMOORTHY T, DING H, YAN C, et al. Lead-free germanium iodide perovskite materials for photovoltaic applications[J]. Journal of Materials Chemistry A, 2015, 3(47): 23829-23832.

[195] WANG N, CHENG L, GE R, et al. Perovskite light-emitting diodes based on solution-processed self-organized multiple quantum wells[J]. Nature Photonics, 2016, 10: 699.

[196] LI X, HOFFMAN J, KE W, et al. Two-dimensional halide perovskites incorporating straight chain symmetric diammonium ions,

$(NH_3C_mH_{2m}NH_3)(CH_3NH_3)_{n-1}Pb_nI_{3n+1}$ ($m = 4 \sim 9; n = 1 \sim 4$)[J]. Journal of the American Chemical Society, 2018, 140(38): 12226-12238.

[197] CORTECCHIA D, DEWI H A, YIN J, et al. Lead-free $MA_2CuCl_xBr_{4-x}$ hybrid perovskites[J]. Inorganic Chemistry, 2016, 55(3): 1044-1052.

[198] CONNOR B A, LEPPERT L, SMITH M D, et al. Layered halide double perovskites: dimensional reduction of $Cs_2AgBiBr_6$[J]. Journal of the American Chemical Society, 2018, 140(15): 5235-5240.

[199] GROTE C, EHRLICH B, BERGER R F. Tuning the near-gap electronic structure of tin-halide and lead-halide perovskites via changes in atomic layering[J]. Physical Review B, 2014, 90(20): 205202.

[200] KORTÜM G, BRAUN W, HERZOG G. Principles and techniques of diffuse-reflectance spectroscopy[J]. Angewandte Chemie International Edition in English, 1963, 2(7): 333-341.

[201] DOLOMANOV O V, BOURHIS L J, GILDEA R J, et al. $OLEX_2$: a complete structure solution, refinement and analysis program[J]. Journal of Applied Crystallography, 2009, 42(2): 339-341.

[202] KRESSE G, FURTHMÜLLER J. Efficient iterative schemes for ab initio total-energy calculations using a plane-wave basis set[J]. Physical Review B, 1996, 54(16): 11169.

[203] KRESSE G, FURTHMÜLLER J. Efficiency of ab-initio total energy calculations for metals and semiconductors using a plane-wave basis set[J]. Computational Materials Science, 1996, 6(1): 15-50.

[204] PERDEW J P, BURKE K, ERNZERHOF M. Generalized gradient approximation made simple[J]. Physical Review Letters, 1996, 77(18): 3865.

[205] LUO D, YANG W, WANG Z, et al. Enhanced photovoltage for inverted planar heterojunction perovskite solar cells[J]. Science, 2018, 360(6396): 1442-1446.

[206] CHEN Q, ZHOU H, SONG T B, et al. Controllable self-induced passivation of hybrid lead iodide perovskites toward high performance solar cells[J]. Nano Letters, 2014, 14(7): 4158-4163.

[207] JIANG Q, ZHANG L, WANG H, et al. Enhanced electron extraction using SnO_2 for high-efficiency planar-structure $HC(NH_2)_2PbI_3$-based perovskite solar cells[J]. Nature Energy, 2016, 2: 16177.

[208] CAO D H, STOUMPOS C C, MALLIAKAS C D, et al. Remnant PbI_2,

an unforeseen necessity in high-efficiency hybrid perovskite-based solar cells?[J]. APL Materials, 2014, 2(9): 091101.

[209] JACOBSSON T J, CORREA-BAENA J P, HALVANI ANARAKI E, et al. Unreacted PbI_2 as a double-edged sword for enhancing the performance of perovskite solar cells[J]. Journal of the American Chemical Society, 2016, 138(32): 10331-10343.

[210] LI X, TSCHUMI M, HAN H, et al. Outdoor performance and stability under elevated temperatures and long-term light soaking of triple-layer mesoporous perovskite photovoltaics[J]. Energy Technology, 2015, 3(6): 551-555.

[211] KALTENBRUNNER M, ADAM G, GŁOWACKI E D, et al. Flexible high power-per-weight perovskite solar cells with chromium oxide-metal contacts for improved stability in air[J]. Nature Materials, 2015, 14: 1032.

[212] MEI A, LI X, LIU L, et al. A hole-conductor–free, fully printable mesoscopic perovskite solar cell with high stability[J]. Science, 2014, 345(6194): 295-298.

[213] LI W, LI J, LI J, et al. Addictive-assisted construction of all-inorganic $CsSnIBr_2$ mesoscopic perovskite solar cells with superior thermal stability up to 473 K[J]. Journal of Materials Chemistry A, 2016, 4(43): 17104-17110.

[214] LI W, FAN J, LI J, et al. Controllable grain morphology of perovskite absorber film by molecular self-assembly toward efficient solar cell exceeding 17%[J]. Journal of the American Chemical Society, 2015, 137(32): 10399-10405.

[215] MØLLER C K. On the structure of caesium hexahalogeno-plumbates (II)[J]. Matematisk-fysiske Meddelelser Kongelige Danske Videnskabernes Selskab, 1960, 32(3): 1.

[216] KONDO S, AMAYA K, SAITO T. In situ optical absorption spectroscopy of annealing behaviours of quench-deposited films in the binary system CsI–PbI_2[J]. Journal of Physics: Condensed Matter, 2003, 15(6): 971.

[217] UTZAT H, SHULENBERGER K E, ACHORN O B, et al. Probing linewidths and biexciton quantum yields of single cesium lead halide nanocrystals in solution[J]. Nano Letters, 2017, 17(11): 6838-6846.

[218] SWARNKAR A, MARSHALL A R, SANEHIRA E M, et al. Quantum dot-induced phase stabilization of α-$CsPbI_3$ perovskite for high-efficiency photovoltaics[J]. Science, 2016, 354(6308): 92-95.

[219] AKKERMAN Q A, PARK S, RADICCHI E, et al. Nearly monodisperse insulator Cs_4PbX_6 (X= Cl, Br, I) nanocrystals, their mixed halide compositions, and their transformation into $CsPbX_3$ nanocrystals[J]. Nano Letters, 2017, 17(3): 1924-1930.

[220] SAIDAMINOV M I, ALMUTLAQ J, SARMAH S, et al. Pure Cs_4PbBr_6: highly luminescent zero-dimensional perovskite solids[J]. ACS Energy Letters, 2016, 1(4): 840-845.

[221] O'DONNELL K, CHEN X. Temperature dependence of semiconductor band gaps[J]. Applied Physics Letters, 1991, 58(25): 2924-2926.

[222] LI J, YUAN X, JING P, et al. Temperature-dependent photoluminescence of inorganic perovskite nanocrystal films[J]. RSC Advances, 2016, 6(82): 78311-78316.

[223] WRIGHT A D, VERDI C, MILOT R L, et al. Electron–phonon coupling in hybrid lead halide perovskites[J]. Nature Communications, 2016, 7: 11755.

[224] BHOSALE J, RAMDAS A, BURGER A, et al. Temperature dependence of band gaps in semiconductors: electron-phonon interaction[J]. Physical Review B, 2012, 86(19): 195208.

[225] LAO X, YANG Z, SU Z, et al. Luminescence and thermal behaviors of free and trapped excitons in cesium lead halide perovskite nanosheets[J]. Nanoscale, 2018, 10(21): 9949-9956.

[226] RUDIN S, REINECKE T, SEGALL B. Temperature-dependent exciton linewidths in semiconductors[J]. Physical Review B, 1990, 42(17): 11218.

[227] NIKL M, MIHOKOVA E, NITSCH K. Photoluminescence & decay kinetics of Cs_4PbCl_6 single crystals[J]. Solid State Communications, 1992, 84(12): 1089-1092.

[228] KONDO S, AMAYA K, HIGUCHI S, et al. Fundamental optical absorption of Cs_4PbCl_6[J]. Solid State Communications, 2001, 120(4): 141-144.

[229] NIKL M, MIHOKOVA E, NITSCH K, et al. Photoluminescence of Cs_4PbBr_6 crystals and thin films[J]. Chemical Physics Letters, 1999, 306(5-6): 280-284.

[230] KONDO S, AMAYA K, SAITO T. Localized optical absorption in Cs_4PbBr_6[J]. Journal of Physics: Condensed Matter, 2002, 14(8): 2093.

[231] KONDO S, MASAKI A, SAITO T, et al. Fundamental optical absorption of $CsPbI_3$ and Cs_4PbI_6[J]. Solid State Communications, 2002, 124(5): 211-

214.

[232] LUO P, XIA W, ZHOU S, et al. Solvent engineering for ambient-air-processed, phase-stable CsPbX$_3$ in perovskite solar cells[J]. The Journal of Physical Chemistry Letters, 2016, 7(18): 3603-3608.

[233] XIANG S, LI W, WEI Y, et al. The synergistic effect of non-stoichiometry and Sb-doping on air-stable α-CsPbI$_3$ for efficient carbon-based perovskite solar cells[J]. Nanoscale, 2018, 10(21): 9996-10004.

[234] MENG X, WANG Z, QIAN W, et al. Excess cesium iodide induces spinodal decomposition of CsPbI$_2$Br perovskite films[J]. The Journal of Physical Chemistry Letters, 2019, 10(2): 194-199.

[235] SUN Q, YIN W J. Thermodynamic stability trend of cubic perovskites[J]. Journal of the American Chemical Society, 2017, 139(42): 14905-14908.

[236] XU J, LIU J B, WANG J, et al. Prediction of novel p-type transparent conductors in layered double perovskites: a first-principles study[J]. Advanced Functional Materials, 2018, 28(26): 1800332.

[237] XIAO Z, MENG W, SAPAROV B, et al. Photovoltaic properties of two-dimensional (CH$_3$NH$_3$)$_2$Pb(SCN)$_2$I$_2$ perovskite: a combined experimental and density functional theory study[J]. The Journal of Physical Chemistry Letters, 2016, 7(7): 1213-1218.

[238] GHEBOULI M, GHEBOULI B, FATMI M. First-principles calculations on structural, elastic, electronic, optical and thermal properties of CsPbCl$_3$ perovskite[J]. Physica B: Condensed Matter, 2011, 406(9): 1837-1843.

[239] GIORGI G, FUJISAWA J I, SEGAWA H, et al. Cation role in structural and electronic properties of 3D organic-inorganic halide perovskites: a DFT analysis[J]. The Journal of Physical Chemistry C, 2014, 118(23): 12176-12183.

[240] MITZI D B. Synthesis, crystal structure, and optical and thermal properties of (C$_4$H$_9$NH$_3$)$_2$MI$_4$ (M = Ge, Sn, Pb)[J]. Chemistry of Materials, 1996, 8(3): 791-800.

[241] WANG S, MITZI D B, FEILD C A, et al. Synthesis and characterization of (NH$_2$C(I): NH$_3$)$_3$MI$_5$ (M= Sn, Pb): stereochemical activity in divalent tin and lead halides containing single ⟨110⟩ perovskite sheets[J]. Journal of the American Chemical Society, 1995, 117(19): 5297-5302.

[242] VINCENT B R, ROBERTSON K N, CAMERON T S, et al. Alkylammo-

[242] nium lead halides. part 1. isolated PbI$_6^{4-}$ ions in (CH$_3$NH$_3$)$_4$PbI$_6 \cdot$ 2H$_2$O [J]. Canadian Journal of Chemistry, 1987, 65(5): 1042-1046.

[243] TROTS D M, MYAGKOTA S V. High-temperature structural evolution of caesium and rubidium triiodoplumbates[J]. Journal of Physics and Chemistry of Solids, 2008, 69(10): 2520-2526.

[244] LI J, YU Q, HE Y, et al. Cs$_2$PbI$_2$Cl$_2$, all-inorganic two-dimensional Ruddlesden-Popper mixed halide perovskite with optoelectronic response[J]. Journal of the American Chemical Society, 2018, 140(35): 11085-11090.

[245] STOUMPOS C C, Mao L, Malliakas C D, et al. Structure-band gap relationships in hexagonal polytypes and low-dimensional structures of hybrid tin iodide perovskites[J]. Inorganic Chemistry, 2016, 56(1): 56-73.

[246] HONG X, ISHIHARA T, NURMIKKO A. Dielectric confinement effect on excitons in PbI$_4$-based layered semiconductors[J]. Physical Review B, 1992, 45(12): 6961.

[247] TANAKA K, TAKAHASHI T, KONDO T, et al. Image charge effect on two-dimensional excitons in an inorganic-organic quantum-well crystal[J]. Physical Review B, 2005, 71(4): 045312.

[248] NAZARENKO O, KOTYRBA M R, WÖRLE M, et al. Luminescent and photoconductive layered lead halide perovskite compounds comprising mixtures of cesium and guanidinium cations[J]. Inorganic Chemistry, 2017, 56(19): 11552-11564.

[249] SMITH M D, KARUNADASA H I. White-light emission from layered halide perovskites[J]. Accounts of Chemical Research, 2018, 51(3): 619-627.

[250] OWENS A, PEACOCK A. Compound semiconductor radiation detectors[J]. Nuclear Instruments and Methods in Physics Research Section A: Accelerators, Spectrometers, Detectors and Associated Equipment, 2004, 531(1): 18-37.

[251] HE Y, KONTSEVOI O Y, STOUMPOS C C, et al. Defect antiperovskite compounds Hg$_3$Q$_2$I$_2$ (Q = S, Se, and Te) for room-temperature hard radiation detection[J]. Journal of the American Chemical Society, 2017, 139(23): 7939-7951.

[252] HE Y, MATEI L, JUNG H J, et al. High spectral resolution of gamma-rays at room temperature by perovskite CsPbBr$_3$ single crystals[J]. Nature

Communications, 2018, 9(1): 1609.

[253] IM J, STOUMPOS C C, JIN H, et al. Antagonism between spin-orbit coupling and steric effects causes anomalous band gap evolution in the perovskite photovoltaic materials $CH_3NH_3Sn_{1-x}PbxI_3$[J]. The Journal of Physical Chemistry Letters, 2015, 6(17): 3503-3509.

[254] NAZARENKO O, KOTYRBA M R, YAKUNIN S, et al. Guanidinium and mixed cesium-guanidinium tin (II) bromides: effects of quantum confinement and out-of-plane octahedral tilting[J]. Chemistry of Materials, 2019, 31(6): 2121-2129.

[255] LI J, STOUMPOS C C, TRIMARCHI G G, et al. Air-stable direct bandgap perovskite semiconductors: all-inorganic tin-based heteroleptic halides $A_xSnCl_yI_z$ (A = Cs, Rb)[J]. Chemistry of Materials, 2018, 30(14): 4847-4856.

[256] AKKERMAN Q A, BLADT E, PETRALANDA U, et al. Fully inorganic Ruddlesden-Popper double Cl-I and triple Cl-Br-I lead halide perovskite nanocrystals[J]. Chemistry of Materials, 2019.

[257] SHARMA S, WEIDEN N, WEISS A. Phase diagrams of quasibinary systems of the type: ABX_3-A'BX_3; ABX_3-AB'X_3, and ABX_3-ABX'$_3$; X= halogen[J]. Zeitschrift für Physikalische Chemie, 1992, 175(1): 63-80.

[258] 薛瑞尼. T$_{HU}$T$_{HESIS}$: 清华大学学位论文模板 [EB/OL]. 2017. https://github.com/xueruini/thuthesis.

在学期间发表的学术论文与研究成果

[1] **LI Jiangwei**, Yu Qin, He Yihui, Stoumpos C C, Niu Guangda, Trimarchi G G, Guo Hang, Dong Guifang, Wang Dong, Wang Liduo, Kanatzidis M G. $Cs_2PbI_2Cl_2$, All-inorganic two-dimensional Ruddlesden-Popper mixed halide perovskite with optoelectronic response[J]. Journal of the American Chemical Society, 2018, 140: 11085.（SCI 收录，检索号：GT1HP，影响因子：14.357）

[2] **LI Jiangwei**, Stoumpos C C, Trimarchi G G, Chung In, Mao Lingling, Chen Michelle, Wasielewski M R, Wang Liduo, Kanatzidis M G. Air-stable direct bandgap perovskite semiconductors: All-inorganic tin-based heteroleptic halides $AxSnClyIz$ (A=Cs, Rb)[J]. Chemistry of Materials, 2018, 30: 4847.（SCI 收录，检索号：GO5XF，影响因子：9.89）

[3] **LI Jiangwei**, Dong Qingshun, Li Nan, Wang Liduo. Direct evidence of ion diffusion for the silver-electrode-induced thermal degradation of inverted perovskite solar cells[J]. Advanced Energy Materials, 2017, 7: 1602922.（SCI 收录，检索号：FB0MO，影响因子：21.875）

[4] **LI Jiangwei**, Niu Guangda, Li Wenzhe, Cao Kun, Wang Mingkui, Wang Liduo. Insight into the $CH_3NH_3PbI_3$/C interface in hole-conductor-free mesoscopic perovskite solar cells[J]. Nanoscale, 2016, 8: 14163.（SCI 收录，检索号：DT9JJ，影响因子：7.233）

[5] **LI Jiangwei**, Li Wenzhe, Dong Haopeng, Li Nan, Guo Xudong, Wang Liduo. Enhanced performance in hybrid perovskite solar cell by modification with spinel lithium titanate[J]. Journal of Materials Chemistry A, 2015, 3: 8882.（SCI 收录，检索号：CF3ZZ，影响因子：9.931）

[6] Bin Zhengyang, **LI Jiangwei**, Wang Liduo, Duan Lingling, Efficient n-type dopants with extremely low doping ratios for high performance inverted perovskite solar cells[J]. Energy & Environmental Science, 2016, 9: 3424.（SCI 收录，检索号：EC1JZ，影响因子：30.067）

[7] Li Wenzhe, **LI Jiangwei**, Li Jianli, Fan Jiandong, Mai Yaohua, Wang Liduo. Addictive-assisted construction of all-inorganic $CsSnIBr_2$ mesoscopic perovskite solar cells with superior thermal stability up to 473 K[J]. Journal of Materials Chemistry A, 2016, 4: 17104. （SCI 收录，检索号：EC1PL，影响因子：9.931）

[8] Fang Huajing, **LI Jiangwei**, Ding Jie, Sun Yue, Li Qiang, Sun Jialin, Wang Liduo. Q. Yan, An origami perovskite photodetector with spatial recognition ability[J]. ACS Applied Materials & Interfaces, 2017, 9: 10921. （SCI 收录，检索号：EQ7EQ，影响因子：8.097）

[9] Ma Fusheng, **LI Jiangwei**, Li Wenzhe, Lin Na, Wang Liduo, Qiao Juan. Stable α/δ phase junction of formamidinium lead iodide perovskites for enhanced near-infrared emission[J]. Chemical Science, 2017, 8: 800. （SCI 收录，检索号：EH0LC，影响因子：9.063）

[10] Li Wenzhe, **LI Jiangwei**, Niu Guangda, Wang Liduo. Effect of cesium chloride modification on the film morphology and UV-induced stability of planar perovskite solar cells[J]. Journal of Materials Chemistry A, 2016, 4: 11688. （SCI 收录，检索号：DT5EV，影响因子：9.931）

致　　谢

　　时光飞逝，五年的研究生学习转眼结束，我也在清华度过了九年的求学时光。这九年是树立我人生观与价值观最重要的时期，真诚感谢这期间帮助我成长和给予我关心的家人、老师与朋友们。

　　首先，我要衷心感谢导师王立铎教授对我的悉心指导和关心，王老师的信任与鼓励一直激励我前行，让我在科研中有充分的自主权，并且提供给我全力的支持和帮助。五年时间里，王老师于我一直是仁慈和善、亦师亦友的导师，除了科研素养，也让我学习到不少为人处世的方法。再次感谢王老师的谆谆教诲。

　　感谢在美国西北大学一年的联合培养期间 Mercouri G. Kanatzidis 教授的指导。感谢 Constantinos C. Stoumpos 对我的指导与帮助，让我学会培养科研品味并思考应该成为一个怎样的研究者。感谢留学期间朋友们对我的帮助，充实我的生活，让我能顺利完成访学。

　　感谢焦丽颖老师的指点与帮助，出国联培前与焦老师的交流让我受益颇多，尤其是认识到提升科研思想高度的重要性。从做物理化学课助教、参与课题组组会到开展合作等各方面的交集中，焦老师的真诚、从容、高效都值得我学习。

　　感谢有机光电子实验室的段炼老师、董桂芳老师、乔娟老师还有马彩云老师，实验室的积极友善氛围让我能轻松发展。感谢课题组的同学们对我的关心和支持，你们陪伴我在科研中奋进，与你们的交流催生出不少思维的火花和新的研究思路。

　　还要特别感谢我的室友任佳骏同学，你的睿智与淡泊让我在每次交流中都收获颇多。感谢我的朋友王奥博、胡大珂、曾令达等对我生活和科研的支持与帮助，与你们在人生最好的年华共同成长，让我时刻感受到幸福与快乐。

本课题承蒙国家自然科学基金（51273104，91433205）、中国留学基金委博士研究生联合培养项目、美国能源部基础能源科学基金（SC0012541）的资助，特此致谢。书中计算化学部分的内容与清华大学化学系王冬副教授合作完成，感谢王冬老师课题组于秦同学的交流与支持。

感谢 LATEX 和 THU THESIS 在论文模板方面的支持。